Rich致富356

元宇宙大未來

數位經濟學家帶你看懂6大趨勢，
布局關鍵黃金10年

數位經濟學家
于佳寧——著

高寶書版集團

簡體中文版專家推薦

元宇宙的時代已經到來，我們要抓住元宇宙發展的機遇，跟上數位時代步伐，推動數位新世界進步，為數位經濟的發展貢獻力量！我相信，無論對於第一次聽說元宇宙概念的圈外讀者，還是已經踏入該領域的資深人士來說，這本書都是一本值得一讀的佳作。

——吳忠澤／中國科技部原副部長、著名數位經濟專家

這本書向我們詳細地展示了元宇宙的樣貌，並由淺入深地分析了元宇宙中關鍵技術的應用。一個全新的數位時代已經到來，這本書值得所有關心未來的朋友們仔細閱讀。

——鄭緯民／中國工程院院士、中國清華大學教授

元宇宙為資訊技術創新提供了新的賽道和契機，在新的數位空間中，新一代資訊技術也將加速融合，數位經濟、數位社會和數位生態有望加速發展，對建設數位中國具有十分重要的意義。這本書詳細解讀了元宇宙時代的六大關鍵趨勢，幫助我們更好地抓住技術發展浪潮，從而迎接元宇宙時代的到來。

——張平／中國工程院院士、北京郵電大學教授

人類要不斷破舊立新，才能得到更好的發展。元宇宙時代，數位經濟

的發展將迎來全新機遇。希望這本書能幫助各行業細緻、系統、客觀地理解元宇宙時代。

──倪健中／中國移動通信聯合會執行會長

在過去的幾個月，「元宇宙」概念與試驗引發了全球性衝擊波，其力度、速度和廣度前所未有，如何解讀「元宇宙」成為當務之急。相比最近湧現的關於「元宇宙」的各種文章和書籍，于佳寧撰寫的這本書，在深入詮釋元宇宙的歷史演變、技術原理、應用場景、人文意義等方面，都有相當的推進作用，特別是對元宇宙的未來趨勢做出了頗有創意的想像和描述。

──朱嘉明／著名經濟學家

元宇宙將推動全球經濟體系加快數位化、智慧化轉型升級，實現技術變革、組織變革和效率變革。在這本書中，作者于佳寧博士透過大量鮮活的案例，深刻分析了元宇宙將帶來的潛在勢能。元宇宙將引發生產力和生產關係的全面變革，是無法阻擋的重要趨勢。

──梁信軍／復星集團聯合創始人

未來，雲端運算、大數據與區塊鏈、人工智慧、大數據、5G、虛擬實境、量子運算等實現融合發展，助力數位經濟發展和社會信用體系建設，開啟互聯網發展的新階段。于佳寧博士所著的這本書，對元宇宙中關鍵前沿技術應用進行了全景式的分析和預測，對推動多種技術

新發展和新應用、加快核心技術自主創新都有著借鑑意義。

——何寶宏／中國信通院雲大所所長

于佳寧博士所著的這本書以獨特而深刻的視角，為我們提出了互聯網的下一代升級型態——元宇宙。在這個新時代，將出現一系列全新的「殺手級應用」，也會誕生一批偉大的新型經濟組織。對於每個人和每個公司來說，要擁抱元宇宙時代機遇，應如何轉型？這本書為我們提供了一些可借鑑的思路。

——管清友／如是金融研究院院長、華鑫證券首席經濟顧問

從地理大發現到太空探索，再到互聯網與數位空間，人類一直在探索未知的場景。數位世界與物理世界終歸融合，就是元宇宙。這本書系統探討場景變革趨勢，刷新自我認知，也必將刷新你對未來的思考模式。

——吳聲／場景實驗室創始人

每一項新興技術、每一次大變革的到來，都會有時代的吶喊者，並提醒我們大膽去擁抱未來，而不是做鴕鳥。這本書就是這樣的吶喊者。

——長鋏／巴比特創始人

元宇宙將開啟下一個互聯網大時代，為各行各業帶來發展和變革機遇。于佳寧博士所著的這本書通俗易懂，化繁為簡，用大量案例剖析

了元宇宙中複雜的技術融合和經濟邏輯，帶領更多人認識並了解元宇宙，從而找到數位時代新機遇。

——李國慶／當當網、早晚讀書創始人

元宇宙的發展既是挑戰，也是機遇。想要把握這個機遇，除準確理解未來數位世界的本質和規則外，我們必須重視數據的保護，特別是要借助「法鏈」（RegChain）實現「以鏈治鏈」監管，建構一個安全、可信且高效的虛擬實境。于佳寧博士所著的這本書對全球未來互聯網和數位經濟發展，進行了有價值和洞見的分析。這本書體現了「共票（Coken）理論」三位一體特徵，結合貢獻者、使用者和管理者所形成的 DAO 經濟社群治理模式，配合 NFT（非同質化代幣）資產上鏈，實現了價值分配革命，為我們把握元宇宙發展機遇提供了清楚的脈絡和指導建議。

——楊東／中國人民大學區塊鏈研究院執行院長、中國國發院
金融科技與互聯網安全研究中心主任、長江學者

百年以來，從地理大發現到宇宙探索，再到元宇宙數位空間的研究，人類先行者探索的腳步從未停歇。5G、人工智慧、大數據、物聯網、區塊鏈、虛擬實境、擴增實境等技術，將我們帶到了一個全新的元宇宙數位時代。于佳寧所著的這本書系統性地描繪了元宇宙時代的變革趨勢，值得閱讀！

——王明夫／和君集團董事長、和君教育小鎮創建人

元宇宙有望實現前沿技術的融合,並孕育全新的商業模式和組織方式。于佳寧博士的這本書易讀又有趣,以引人入勝的案例探討了元宇宙時代的趨勢,值得一讀!

——郎永淳／央視原主持人、到家集團首席公共事務官

元宇宙正在掀開 Web 3.0 的時代大幕,區塊鏈作為核心技術自主創新的重要突破口,也是元宇宙的底層支撐技術,展現出巨大的潛在應用價值。于佳寧博士所著的這本書對元宇宙中前沿技術應用進行了全景式的分析和預測,為加快技術創新與應用提供了寶貴的思路。

——沈波／分散式資本合夥人

元宇宙是整合多種新技術而產生的新型虛實相融的互聯網應用和社會型態,將虛擬世界與現實世界在經濟系統、社交系統、身分系統上密切融合,並且允許每個使用者進行內容生產和編輯。于佳寧博士的新書,對元宇宙的本質特徵、技術支撐、產業應用、經濟模型和組織變革進行了全方位的闡述。我相信這本書能刷新你對未來的認知。我們對元宇宙發展的副作用也要保持警惕,要最大程度實現治理和發展並舉。

——潘陽／中國清華大學新聞學院教授、博導

資訊技術革命作為第三次工業革命,帶來了互聯網大發展。元宇宙有望成為互聯網的下一個發展階段,將繼續推動整個社會效率、經濟規

模的提升。這本書生動描繪了元宇宙時代的經濟型態與社會生活，幫助我們更加理解時代趨勢，從而迎接元宇宙時代的到來。

——趙何娟／鈦媒體集團創始人、CEO，鏈得得創始人、董事長

2021 年，讓人特別興奮的一個詞莫過於「元宇宙」。「元宇宙」發於人們對科技探索的想像和實踐，生長於對自我和群體、生活和生命、意義和價值的思辨。這是一場技術的革命，也是大眾文化的激烈演進。互聯網時代，我們一直在探索人和內容到底是什麼樣的關系，而在元宇宙裡，人就是內容。感謝于佳寧博士如此系統地、理性地、細膩地將元宇宙用文字包裹好，穿越時間提前擺放到我們面前。

——陳辰／資深媒體人、《最強大腦》總製作人

要實現真正的元宇宙還有很長的路要走，這就需要更多有遠見、有理想的人一起來推動元宇宙的發展。因此，相對專業又通俗易懂的書既是時代的需要，也是現實的需求。而于佳寧博士撰寫的這本書作為該領域的佳作，是人們學習和了解元宇宙的捷徑。

——袁煜明／中國中小企業協會產業區塊鏈專委會主任、

火鏈科技 CEO

當前原子世界的創新正以數位化的方式迎面而來，同時，比特世界的建構亦以無限逼近真實的潮頭呼嘯而來。2021 年，兩股力量在此握手，兩大世界在此融合，作為現象級存在的元宇宙進入了發展元年。

儘管元宇宙尚處於概念和早期認知的試驗階段，但在數位經濟已成為中國經濟高品質發展的重要引擎的前提下，元宇宙及其背後一系列新一代資訊技術，必將是未來數位經濟大發展的強力抓手。這本書從元宇宙的本質特徵出發，系統講解了未來元宇宙的六大趨勢，對元宇宙進行了深入的分析和介紹，讓大家窺見于佳寧校長心中的那個「阿凡達」。作為在數位經濟領域耕耘多年的知名學者，書中提出許多給人啟發的新穎觀點，值得大家從中汲取新能量、新營養。

　　——馬方業／資深金融證券媒體人、證券日報社副總編輯

從區塊鏈到 NFT，再到元宇宙，體現了人類要在虛擬世界中引入經濟活動，從而引入真實價值的努力，而談論價值就離不開稀缺性。區塊鏈的興起，開闢了基於演算法來保證稀缺性的嶄新技術路線。在元宇宙技術生態裡，稀缺性技術處於核心部位，意義重大，不可或缺。這本書系統性地描述了未來數位時代的新經濟邏輯，值得一讀！

　　——白碩／恆生研究院院長、上海證券交易所前總工程師

元宇宙是下一代互聯網，是 Web 3.0，不是 Web 1.0、Web 2.0 的簡單延續。其中，區塊鏈技術和營運思維是理解元宇宙的核心基礎，于佳寧校長在這一方面有深厚功底。書中對「元宇宙的一天」的場景描述很有趣，同時也為產業和技術界打開了一扇窗戶。

　　——孔華威／豪微研究院院長、中國科學院計算所上海分所原所長

這是一本元宇宙漫遊指南，作者憑藉深厚的專業底蘊帶領我們遊覽當前元宇宙發展的各個領域，不但內容全面，而且在很多地方富有啟發性。對於有意在元宇宙時代創新創業的讀者來說，這是一本遍地珠玉機遇之書。

——孟岩／中國數位資產研究院副院長、

Solv 協議創始人

資訊化正深刻影響著人們的生活方式，推動形成數位化生活。互聯網的下一個階段或許就是元宇宙，在新的數位空間中，數位經濟、數位社會和數位生態都有望加速發展。于佳寧博士所著的這本書，對元宇宙時代的六大關鍵趨勢進行了生動又深刻的分析，是一份很好的元宇宙入門和進階漫遊指南。

——劉興亮／互聯網學者、中國山西省政協委員

下一代的創意內容基礎設施會是什麼？我們一直在思考和探索。科技賦能想像力，元宇宙帶來了新的可能。技術和創意會進一步交相輝映，而價值觀和世界觀帶來的身分認同和圈層文化是人類發展的長期原動力。

——楊振／特贊總裁

簡體中文版推薦序一

元宇宙助推數位經濟邁向新的發展階段

近年來，全球新一輪的科技革命和產業變革突飛猛進，特別是數位科技對經濟社會各領域的滲透性、擴散性越來越強，產業疊代速度越來越快。線上場景的變遷、全域數據的融合、智治模式的演進，深刻改變了社會的生產生活方式、產業模式和組織形式，形成發展數位經濟的強大動力。數位經濟將點燃助推世界經濟發展的「數位引擎」，成為當今世界經濟發展的主要驅動力。2021 年，數位世界興起的新概念「元宇宙」實際上就是前沿數位科技的集成體。

自互聯網誕生以來，人們對數位空間的探索從未停止。隨著 5G、人工智慧、大數據、物聯網、工業互聯網、區塊鏈、VR（虛擬實境）、AR（擴增實境）等新一代數位技術的快速發展，元宇宙時代將建構物理世界和數位世界相互融合的新型數位空間，推動實體經濟與數位經濟深度融合，塑造數位經濟發展的未來型態。在元宇宙時代，數位技術將集成應用到全社會的各類運行場景，實現數位經濟高品質發展。

其中，5G 網路實現數據高速穩定傳輸；物聯網和工業互聯網打通線上線下的數據，實現「數位孿生」；區塊鏈技術將元宇宙中的數據資產化，形成新的可信機制和協作模式；VR 和 AR 改變人們與數

位世界互動的方式，實現「虛實共生」；人工智慧成為數位網路的智慧大腦，引領數位經濟進入智慧經濟發展新階段。

技術為本，場景為王。元宇宙中多元化的應用場景，將為打造數位經濟新優勢和壯大經濟發展新引擎提供新的成長空間、關鍵著力點和重要支撐。元宇宙不僅可以應用在遠端辦公、新型文創、數位社交、線上教育、線上醫療、金融科技等領域，也可以在智慧城市、產業互聯、供應鏈管理等領域發揮重要作用。比如，基於城市的建築、交通、公共設施、企業等建立數位模型，形成「數位孿生」，可以實現精細化、客製化、個性化的數位化城市管理，讓人們擁有更加美好、個性、舒適的數位化生活。

當前，國內外互聯網知名企業開始全力布局發展元宇宙，全球的元宇宙建設正在全面開啟。元宇宙必將成為未來十年全球科技發展的一個風向儀，也將成為各國數位經濟的競爭新高地。在這本書中，作者提出元宇宙是下一代互聯網，也就是第三代互聯網（Web 3.0），並將成為人類未來娛樂、社交甚至工作的數位化空間，是一個人人都會參與的數位新世界。

于佳寧博士是著名數位經濟專家，近年來創辦「火大」，深耕數位技術應用研究領域，在區塊鏈技術新應用、數位金融新體系、分散式商業新模式等數位經濟前沿領域研究成果豐碩，影響廣泛，對互聯網和元宇宙有著深刻的認知、較強的理論功底和體系化的研究。

這本書從元宇宙的起源、發展到未來展現了元宇宙時代的全景，用生動形象的語言和前瞻視角講述了元宇宙的世界觀，圍繞產業、數

權、組織、身分、文化、金融六個維度深入分析了元宇宙時代的六大發展趨勢，結合全球最新的元宇宙實際案例剖析了元宇宙中複雜的技術融合應用和經濟模型，為我們帶來了數位經濟和科技發展的全新洞見和思考。

　　這本書架構條理清晰，內容化繁為簡，相對專業又通俗易懂，可以幫助讀者較快認知、探索元宇宙，從而掌握元宇宙新思維，共築「元宇宙共識圈」，從容應對未來一系列新技術挑戰，並在全新數位空間中享受時代紅利，實現自身價值的最大化。我相信，無論是對於第一次聽說元宇宙概念的圈外讀者，還是已經踏入該領域的資深人士來說，這本書都是一本值得一讀的佳作。相信你讀後必然收穫多多。

　　元宇宙的時代已經到來，我們要抓住元宇宙發展的機遇，跟上數位時代步伐，推動數位新世界的進步，為數位經濟的發展貢獻力量！是為序。

吳忠澤

中國科技部原副部長

著名數位經濟專家

2021 年 10 月

簡體中文版推薦序二

算力和數據是元宇宙和數位經濟發展的關鍵要素

當前，數位經濟蓬勃發展，區塊鏈、人工智慧、雲端運算等前沿資訊技術快速融入生產生活。中國「十四五」規劃和 2035 年遠景目標綱要將「加快數位化發展，建設數位中國」單獨成篇，並首次提出數位經濟核心產業增加值占 GDP（國內生產毛額）比重這個新經濟指標。隨著互聯網的進階發展，數位資訊技術革命的下一片藍海呼之欲出。

從 2021 年開始，騰訊、Facebook（臉書）、微軟等國內外互聯網知名企業開始全力布局一個新的領域，即元宇宙。在它們看來，元宇宙是行動互聯網的繼任者，虛擬世界和真實世界的大門已經打開。元宇宙可能會成為未來互聯網發展的新方向，也可能是數位經濟發展的下個型態。元宇宙的探索將推動實體經濟與數位經濟深度融合，推動數位經濟走向新的階段。探索發展元宇宙，有助於推動經濟社會進一步加快數位化升級，以科技創新催生新發展動能。

技術融合賦能實體經濟

算力和數據是元宇宙和數位經濟發展的基礎，而元宇宙和數位

經濟的發展需要 5G 基礎上的「ABCD」，其中 A 是人工智慧（Artificial Intelligence），B 是區塊鏈（Blockchain），C 是雲端運算（Cloud），D 是大數據（Big Data）。這幾大技術創新融合發展，共同促進數位經濟的發展，從而將數位經濟應用到全社會的各類運行場景中。

　　元宇宙既包含數位經濟中的 5G、人工智慧、區塊鏈、雲端運算、大數據，也融合了對 VR、AR、腦機介面、物聯網等技術的前瞻布局。發展元宇宙，關鍵在於大力提升自主創新能力，突破關鍵核心技術，實現高品質發展。

算力的多元化和精細化應用

　　算力是元宇宙的基礎要素，也是衡量數位經濟發展的晴雨表。在物理世界中，電力是很重要的生產力要素。到了數位經濟時代，算力成了非常關鍵的指標。人均算力可以反映一個地區的數位經濟發展水準。數位政府、金融科技、智慧醫療、智慧製造等互聯網創新領域都需要算力支撐。

　　算力的發展速度非常快。在摩爾定律中，晶片性能每 18 個月翻倍，而現在算力翻倍的時間基本上可以縮短到 3 ～ 4 個月。但需要注意的是，要促進算力中心的健康發展，需要先釐清數據中心、超算中心、智算中心這些「應用」是什麼，也就是如何把這些多元化的算力對應到不同的應用場景之中。比如，智算中心的發展主要涉及影像處理、決策和自然語言處理三大類，不同的應用場景適配不同的算力中心是發展算力的關鍵一步。

現階段，必須要提升算力供應的韌性，打造數位經濟的堅實底座，展開多元化算力創新，以及基於硬體、軟體的應用展開自主可控創新。此外，中國政府已經宣布要採取更加有力的政策和措施，讓二氧化碳排放力爭於 2030 年前達到峰值，努力爭取 2060 年前實現碳中和。數據中心依靠電力驅動，蓬勃發展的數據中心也是重要的碳排放源。所以，在發展算力時，我們必須要充分考慮碳排放因素，加快布局綠色智慧的數據與運算設施，提升能源利用效率，加大清潔能源使用比例，推動「綠色運算」的發展。

數據的分散式儲存和價值賦能

除了算力，建設元宇宙和數位經濟的另外一項重要的基礎要素就是數據。2020 年 4 月，中國發布《關於建構更加完善的要素市場化配置體制機制的意見》，首次將數據納入五大生產要素，並明確提出加快培育數據要素市場，推進政府數據開放共用，提升社會數據資源價值，加強數據資源整合和安全保護等要求。隨著數位經濟推進速度的加快，各行各業已經累積了大量的數據，為數據要素化、市場化奠定了穩固根基。現在，數據要素有了，關鍵是如何儲存並使用這些數據。

元宇宙是一個由數據組成的世界，分散式數據儲存成為維持元宇宙持久運轉的基本方式。同時，在數據的使用過程中，數據生產者、管理者、整合者、使用者等角色之間的權利邊界存在一定的模糊交叉，這導致數據要素的產權屬性難以確認，也引發了大量數據濫用

的情況，因而嚴重阻礙了數據要素的流通和使用。所以，數據確權是數據要素實現流通交易和市場化配置的重要前提。

　　區塊鏈是解決這一系列問題的關鍵技術和基礎設施。我們可以將區塊鏈理解為一種「確權的機器」（為數據資源提供極低成本的確權工具），並在數據實現確權後打通流轉，從而使數據真正成為一種資產，實現數據價值的最大化。除此之外，我們還要注意切實保障數據安全，完善數據資源確權、開放、流通、交易相關制度，保護個人隱私數據，加強關鍵資訊基礎設施安全保護，強化關鍵數據資源保護能力。

　　這本書向我們詳細地展示了元宇宙的樣貌，並由淺入深地分析了元宇宙中關鍵技術的應用。在這本書中，作者提出，元宇宙將開啟下一代互聯網新紀元，並以前瞻視角生動形象地講述了元宇宙的發展脈絡，深入分析了元宇宙發展的六大趨勢。書中結合了目前全球範圍內元宇宙的最新案例，為元宇宙中多元化的應用場景設計提供了寶貴的思路。一個全新的數位時代已經到來，這本書值得所有關心未來的朋友們仔細閱讀。

鄭緯民

超算領域專家

中國工程院院士

中國清華大學教授

2021 年 10 月

簡體中文版推薦序三

探索元宇宙的廣袤星空

　　從古至今，人類一直在仰望星空，期待不再受物理世界的種種限制。從馬匹、汽車、火車到飛機，人類逐漸突破了空間距離對自己的限制；從結繩記事、曆法、時鐘到手錶，人類逐步支配了自己的時間。空間和時間上的突破，拉近了人與人之間的距離，也方便了交流，刺激了消費，因而逐漸有了我們今天所創造的豐富的物質財富。如果有人問我：「能讓人類大幅突破自我的下一個場景是什麼？」有個詞會浮現在我的腦海中，那就是「元宇宙」。

　　現在提起「元宇宙」，我們更多想到的是 VR、AR 和遊戲，但這些只是元宇宙發展的早期階段。未來真正的元宇宙可以在各種平台上使用，可以為用戶帶來更高效、更自然、更極致的沉浸式體驗，興許還能使用戶感受觸覺、痛覺、嗅覺等神經資訊。元宇宙是一個大家可以長期共同生活的環境，一個由無數個人和公司參與的分散式全真社會。我們可以把元宇宙想像成一個實體化的互聯網，我們不僅可以看到內容，還能參與其中與他人互動，這是在 2D 的 App（應用程式）和網頁上無法體驗到的。

　　在元宇宙中，我們幾乎沒有距離和空間的限制。我們既可以從北京瞬移到紐約街頭和朋友一起逛街購物，也可以坐在數位世界的辦

公室裡和異地同事一起工作。我們在元宇宙中賺到的錢和申請到的專利在現實中照樣使用。這意味著耗費在時間和空間上的成本大大壓縮，人類將獲得更高的自由度，也會有更多的時間和精力去從事創造性的工作。從這個角度來說，元宇宙的維度甚至高於我們所在的現實世界。

元宇宙不是空洞的，而是將創造遠超物理世界的全新價值。在未來，現實世界中的資源會快速地湧入更高維度的元宇宙，並在元宇宙中建構相應的數位孿生（物理世界在數位世界的映射）生態系統。我們可以在元宇宙中基於數位孿生進一步實現數位原生（物理世界沒有而數位世界獨有）的建設，並且反過來讓元宇宙中的數位原生的創造物在現實世界中產生相應的價值，從而達到物理世界和數位世界相互作用、虛實相生的效果。在元宇宙中，邊際成本趨於零，消費頻率更快，消費效率更高，邊際收益更好，我們還可以透過區塊鏈實現數位價值的確權、流動、交易、激勵和增值。

從技術的角度來看，元宇宙包括了人工智慧、VR、AR、區塊鏈等技術成果，向人類展現出建構與傳統物理世界平行的全真數位世界的可能性。特別是，區塊鏈是元宇宙的技術基礎，是元宇宙的底層架構。區塊鏈以其不可篡改的特性，為整個元宇宙建構起堅實的信任基礎。透過區塊鏈，數據將以公開透明、不可篡改的方式建構起一個可信資源網路。跟石油一樣珍貴的數據資源不再被某些科技巨頭無償占有，而是真正屬於產生這些數據的個體，整個系統的資訊不對稱性隨之降低，新的信任機制由此產生。說到底，這其實是人類在社會學領

域中信任維度的突破。從此，許多原本信不過的話可以信了，許多原本做不成的事可以做了，以區塊鏈為底層架構的元宇宙會讓人類以更低的信任成本、更高的效率學習、工作和生活，從而創造更大的價值和財富。元宇宙的實現不是偶然，而是人類科學技術發展的必然。

然而，要實現真正的元宇宙還有很長的路要走，這就需要更多有遠見、有理想的人一起來推動元宇宙的發展。因此，相對專業又通俗易懂的書既是時代的需要，也是現實的需求。而于佳寧博士撰寫的這本書作為該領域的佳作，是人們學習和了解元宇宙的捷徑。

我從書中能看出作者的用心良苦。這本書不僅介紹了元宇宙的起源、發展以及未來，還能幫助讀者由淺入深地真正了解元宇宙，從而形成全景式認知。我相信，第一次聽說元宇宙概念的圈外讀者和已經踏入該領域的資深人士，均可以從這本書中汲取知識、獲得靈感。

希望這本書的出版，可以幫助更多讀者朋友開闊視野。讓我們把握機遇，一起探索元宇宙的浩渺星空。

袁煜明

中國中小企業協會產業區塊鏈專委會主任

火鏈科技 CEO

2021 年 10 月

前言

未來十年將是元宇宙發展的黃金十年

　　我是一名數位經濟的研究者，專注於元宇宙、產業區塊鏈等新興領域的研究和教學。數位經濟和區塊鏈是全球熱門話題，因此我經常受邀出席各國的會議，曾到很多國家的高校授課。2019 年，我跑遍了五大洲，踏遍舊金山、倫敦、東京、新加坡、墨爾本、開羅等很多美麗的城市，甚至可以說，我每天不是在開會，就是在去開會的路上。2020 年年初，突如其來的新冠肺炎疫情改變了世界原有的運行方式，我的腳步似乎也停了下來。

　　2020 年年底，在杭州大劇院籌備「乘風而上」的個人跨年演講時（見圖 1），我仔細回顧了這一年，突然發現自己在 2020 年參與會議和授課的次數比 2019 年還多。不同的是，這些會議和課程大多是在線上舉辦的，相當於我在數位世界的「數位分身」又在全世界轉了一圈。2020 年 7 月，我受新加坡新躍社科大學（SUSS）邀請講授區塊鏈課程。在上課期間，儘管我不在新加坡，仍然可以與幾百位同學透過 Zoom 會議工具進行非常深入的交流和討論。讓我印象最深刻的是，在課程結束後，大家透過 Zoom「合影留念」，也就是把所有與會者的畫面截圖留念。當然，這個合影顯得有點尷尬。用過這些視訊會議軟體的朋友肯定都有這樣的感觸，我們只能透過螢幕上一個個

「小格子」看到其他與會者的樣貌，很難真正記住這些人，總覺得缺了點真正「在一起」的感覺。

圖1　于佳寧跨年演講「乘風而上」在杭州大劇院舉辦
（圖片來源：火幣大學）

2021年3月，一位在矽谷的朋友和我聯繫，並邀請我到Decentraland（去中心化之地）數位空間中參觀一個「數位時裝展」。那是我第一次參加類似的活動，該活動是由The Fabricant（一家數位時尚公司）、愛迪達、模特兒卡莉‧克勞斯（Karlie Kloss）聯名舉辦的一場數位時裝展。當透過電腦瀏覽器輸入座標來到時裝展的數位現場時，我發現「現場」還真有不少「觀眾」。我一眼就透過這位朋友的數位形象認出了他（還真挺像他本人）。在這個數位空間中，我和

他邊走邊聊，我有一種他就在我身邊的感覺，這種體驗與開視訊會議時每個人都被困在「小格子」中交流的感受截然不同。一般來說，在這些數位空間中，每個人都有一個 3D 的人物形象，並且可以自由地走到別人身邊跟他聊天。這讓我有了久違的「社交感」。

這件事讓我感觸很深。儘管疫情讓很多朋友在物理世界暫時無法見面，但大家在數位世界中的聯繫更加緊密了。人們的生活方式已經發生了本質上的變化，大家習慣了在線上辦公、學習、購物、娛樂。我們回不到過去，也沒有必要回到過去。我們需要找到一個更好的數位空間來承載數位化的生活方式，但問題是，這種空間在哪裡呢？

從那時起，我便踏上了元宇宙的研究之路。透過閱讀美國風險投資人馬修・鮑爾（Matthew Ball）在 2020 年撰寫的文章〈元宇宙：是什麼，如何找到，誰來建設〉（The Metaverse: What It Is, Where to Find it, and Who Will Build It），我更加深刻地感受到了元宇宙的魅力。我發現，透過線上會議工具上課或開會只是一種過渡形式，那種開闊、自由、可創造的數位世界才是未來。一系列前沿的數位技術都將在這種全新空間中實現融合應用，並建構承載人們交流、協作、創意、工作和生活的「數位新大陸」，從而大大拓寬互聯網發展邊界——這很有可能就是下一代互聯網。從那時開始，我和團隊就將元宇宙當作重點的研究對象。現在你讀到的這本書，就是我們進行了體系化的研究與思考得到的成果。

在本書的創作過程中，創作團隊也採用了元宇宙的工作方式，團隊成員分布在北京、上海、鄭州、蘭州。2021 年夏末，國內疫情

偶有發生，出差變得非常不便，甚至有同事因去過高風險地區而被集中隔離，但這些情況完全沒有影響本書的進度。在寫作的過程中，我們幾乎每天都在線上開會，還多次遊覽各種元宇宙數位空間，大家邊逛邊進行頭腦風暴，邊討論最新的進展邊尋找靈感。我們將這些經驗記錄在了書中，讀者可以看到我在元宇宙數位空間中拍的一些「遊客打卡照」。在本書的最後，我們把在探索元宇宙過程中很有感觸的一些 NFT、遊戲和影視用附錄的形式分享給大家。

那麼，究竟什麼是元宇宙？或許，每個人心中都有不同的答案。元宇宙的英文是 Metaverse，meta 意為超越，verse 則由 universe 演化而來，泛指宇宙、世界。在維基百科中，元宇宙通常被用來描述未來互聯網的疊代概念，由持久的、共用的、3D 的虛擬空間組成，是一個可感知的虛擬宇宙。當然，這樣講非常抽象，很難理解。

在我看來，元宇宙是人類未來娛樂、社交甚至工作的數位化空間，是未來生活方式的主要載體，是一個人人都會參與的數位新世界。元宇宙融合區塊鏈、5G、VR、AR、人工智慧、物聯網、大數據等前沿數位技術，讓每個人都可以擺脫物理世界中現實條件的約束，從而在全新數位空間中成就更好的自我，實現自身價值的最大化。

在書中，我們將元宇宙定義為下一代互聯網，也就是第三代互聯網。2021 年是元宇宙元年，互聯網疊代升級的大幕就此拉開。在這個階段，前沿的技術有望實現融合應用，區塊鏈創造數位化的資產，智慧合約建構智慧經濟體系，物聯網讓物理世界的現實物體向數位世界廣泛映射，人工智慧成為全球數位網路的智慧大腦並創造「數

位人」，AR 實現數位世界與物理世界的疊加，5G 網路、雲端運算、邊緣運算正在建構更加宏偉的數位新空間。

互聯網又一次來到了新的關鍵發展節點。我相信，未來十年將是元宇宙發展的黃金十年，轉型空窗期已經悄然開啟。每一輪互聯網的升級，必定會出現一系列全新的「殺手級應用」，也會誕生一批偉大的經濟組織，創新創業的新機遇就在眼前。財富型態也會隨之升級，財富的數位化成為大勢所趨。元宇宙的建設和普及還將促進數位經濟與實體經濟實現更深層次的融合，從而助力「百行千業」全面轉型升級，為實體產業開闢全新的發展空間。

元宇宙不是數位烏托邦，而是一個全真的全新數位世界，它將實現我們總結的「五大融合」：數位世界與物理世界的融合、數位經濟與實體經濟的融合、數位生活與社會生活的融合、數位資產與實體資產的融合、數位身分與現實身分的融合。我認為，元宇宙會讓現實世界變得更美好。

元宇宙的浪潮已經來到了我們的面前，並且為社會經濟帶來了一系列變革的大機遇，這些變革又會影響我們每一個人。在本書中，我們將圍繞產業、數權、組織、身分、文化、金融六大維度，透過最新的全球案例幫你理解元宇宙時代的六大趨勢（見圖 2）。

- 趨勢 1：數位經濟與實體經濟深度融合，數位資產與實體資產孿生。
- 趨勢 2：數據成為核心資產，數據權利被充分保護。
- 趨勢 3：經濟社群崛起壯大，數位貢獻引發價值分配變革。

- 趨勢 4：重塑自我形象和身分體系，數位形象映射自我認知。

- 趨勢 5：數位文化大繁榮，NFT 成為數位文創的價值載體。

- 趨勢 6：數位金融實現全球普惠，DeFi（分散式金融）加快
  金融服務數位化變革。

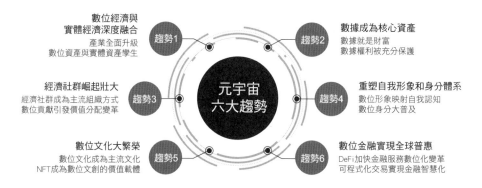

圖 2　元宇宙時代將帶來六大趨勢

　　在元宇宙的熱潮興起後，很多朋友問我，如何才能擁抱元宇宙的時代機遇。在我看來，當全新的變革浪潮來臨時，每個人的前途命運取決於對新事物的認知，努力洞明事物的本質比匆忙地行動更有必要。每個人都需要用大量的時間和精力進行學習和思考，以真正地理解元宇宙，特別是要打通思維層面的壁壘，掌握「元宇宙新思維＝技術思維 × 金融思維 × 社群思維 × 產業思維」，這樣才能從容應對未來一系列新技術挑戰。同時，我們在書中透過專欄的形式給出一系列具體建議，讓每個人都能抓住機會，並找到適合自己的定位和方

向，從而共同踏上探索元宇宙的新征程。

以上就是我的「元宇宙世界觀」。科幻小說作家威廉・吉布森（William Gibson）說過：「未來已來，只是尚未流行。」我由衷地希望可以透過本書為大家展現元宇宙時代的全景，讓每個人都能跟上時代步伐，並推動數位新世界的進步和發展，從而不辜負這個時代給予我們的最好禮物。

在寫作本書的過程中，我得到了很多人的幫助和支持。中國科技部原副部長吳忠澤、中國工程院院士鄭緯民和火鏈科技 CEO（執行長）袁煜明為本書的簡體中文版寫了推薦序，中國移動通信聯合會元宇宙產業委員會秘書長何超參與了本書簡體中文版的企劃，中信出版集團財經事業部總經理朱虹、財經優品總編王宏靜、企劃編輯陳世明、行銷編輯黃璐璐幫助本書的簡體中文版在中國大陸出版。

火幣大學合夥人方軍老師幾乎參與了本書創作過程中的每一次討論，對元宇宙研究和本書寫作給予了全面而深刻的指導，對本書成稿有巨大貢獻。李祺虹參與了本書第一章、第二章、第四章、第七章、第八章、第九章和第十一章的寫作，周芳鴿參與了本書第一章、第三章、第四章、第五章、第六章和第十的寫作，張睿彬蒐集整理了全書圖片，並參與了附錄的寫作。感謝中信出版集團版權部、高寶書版集團編輯部與版權部。沒有以上各位的支持和幫助，本書不可能面世，向各位致以真誠的謝意。

于佳寧

2021 年 10 月

目錄
Contents

目錄
Contents

第一章

下一代互聯網新紀元

2020 年 4 月，在全球疫情最嚴重的時刻，有一個演唱會聚集了 1230 萬的觀眾。很顯然，這個演唱會不可能在線下舉辦，也不存在能容納這麼多人的場地。這是一場完全在數位世界中表演的演唱會，「舉辦地點」在 Epic Games 公司的大型網路遊戲《要塞英雄》（Fortnite）中。在演唱會開始的那一刻，歌曲響起的同時，舞台上燃起了沖天的紫色光焰。在整個舞台被墜下的光焰砸碎的瞬間，歌手巨大的「數位化身」隆重登場。這個震撼的開場引爆了「現場」觀眾的熱情。在演唱會過程中，巨大的歌手身影隨著音樂起舞，偶爾還會瞬移到其他舞台。所有的觀眾都可以到歌手身邊跟著音樂一起搖擺。這場只有 15 分鐘的演唱會刷新了遊戲史上最多玩家同時在線的音樂 Live（現場）紀錄。在那之後，類似的演唱會在《要塞英雄》中還舉辦了很多場，幾乎每場都吸引了全球數百萬人參與觀看，為身處疫情中的人們帶來了全新體驗。

　　這場演唱會有著非同尋常的歷史意義。它預示著，數位空間不再僅僅是進行特定遊戲的場所，在未來還可能會成為人們交流、協作、創造、工作和生活的空間。

　　下一代互聯網的大幕已經拉開，那就是「元宇宙」。

元宇宙的起源：從《潰雪》到《一級玩家》

2020 年以來，突如其來的新冠肺炎疫情讓人們在物理世界中相互隔離，線下活動幾近停擺，但人們在數位世界中的聯繫反而變得更加緊密。

在全球範圍內，短影音、線上教育、新零售等新業態快速普及，各地的人們都開始習慣於在線上辦公、學習、購物和娛樂。在諸如《要塞英雄》這種強社交、沉浸式的數位世界中，參與者獲得了與物理世界完全不同的體驗。圖 1-1 便是在《要塞英雄》中舉辦虛擬演唱會時的場景。

人們開始意識到，線上的大型數位世界並非只是遊戲娛樂場所，而是未來社會交往和日常生活的新空間。在這樣的大背景下，元宇宙的概念逐漸清晰，並成為全球各大媒體、科技界、投資界和產業界廣泛關注和討論的新議題。

那麼，到底什麼是元宇宙？這得從美國著名科幻小說作家尼爾・史蒂文森（Neal Stephenson）於 1992 年出版的《潰雪》（Snow Crash）[1] 說起。在這部科幻小說當中，主角英雄（Hiro Protagonist）[2] 透過一台特製的電腦，就能輕鬆進入與現實物理世界平行的另外一個世界。

1　參考《潰雪》（開元書印，2008 年）。
2　同上。

圖 1-1　在《要塞英雄》中舉辦的虛擬演唱會
（圖片來源：Epic Games）

　　反面拉拉雜雜扯了一堆他的聯絡方式：一個電話號碼、通用語音電話定位碼、一個郵政信箱號碼、六個電子通訊網網址。另外還有「魅他域」裡的地址。……英雄的電腦頂部一片平坦，除了一個超廣角鏡頭──那是塊有紫衣光學膜的光滑半球面玻璃。……只要在兩隻眼睛前方繪出稍微不同的影像，便能做出三度空間的立體效果。影像每秒切換七十二次，則產生動態感。這樣以兩千乘以兩千畫素解析度呈現的立體動態影像，與肉眼所能辨識的任何畫面一樣銳利。同時不斷透過小耳機傳出的數位音效，更讓所有立體動態影像有了最完美的寫實配樂。所以英雄根本不是真的「在」這個世界裡。他處在一個電腦創建出來的世界中，一個由目視鏡繪出，耳機播放的世界中。[3]

3　參考《潰雪》(開元書印，2008 年)。

　　史蒂文森將這個平行於物理世界的數位世界命名為「魅他域」，英文為 Metaverse，也就是我們現在談論的元宇宙，這個詞在這裡第一次出現在世人面前。在他的描繪中，所有現實世界中的人在「魅他域」中都有一個「網路分身」。數位世界主幹道燈火通明，可容納數百萬人的「網路分身」在街上往來穿行。

　　在小說出版的 1992 年，互聯網還只是一個襁褓中的嬰兒。就在這一年，全球資訊網（WWW）創始人提姆・伯納斯―李（Tim Berners-Lee）將一張由歐洲物理界 4 名女性組成的樂隊合影傳到了網路上，這張合影成為第一張在互聯網上的照片。當時的電腦處理和網路傳送速率，根本無法在網路上搭建一個元宇宙數位世界。

　　不過，暫時的技術限制並沒有阻止人們對元宇宙的想像，比如另外一個「名場面」，相信很多讀者有著深刻的印象。

　　2045 年，韋德・瓦茲（Wade Watts）是住在陰沉沉的俄亥俄州貧民區斯泰克斯（The Stacks）的孤兒，這裡有很多「摩天大樓」——實際上只是許多層層疊起的雜亂無章的拖車屋。但韋德對物理世界的生活條件並不在意，他一回到家就戴上了 VR 頭顯等一系列裝備，進入數位世界「綠洲」（Oasis）中尋求慰藉。

　　「綠洲」有著自己獨立的社會經濟運行體系，玩家能為自己設計全新且獨特的數位形象。韋德在綠洲中華麗變身，成為一個名叫帕西法爾（Parzival）的藍白皮膚男孩，在數位世界裡攀登聖母峰，開著改裝車在曼哈頓飆車，歷險尋找寶藏。其他的人也和韋德一樣沉迷在「綠洲」中，彷彿在這個世界裡活出了第二生命，也彷彿物理世界中

的混亂並不存在。

這是著名導演史蒂芬・史匹柏（Steven Spielberg）執導的科幻冒險電影《一級玩家》（Ready Player One）中的場景，該電影更具象化地向我們展示了元宇宙的可能未來（見圖 1-2）。

圖 1-2 《一級玩家》描繪了元宇宙「綠洲」中的故事
（圖片來源：華納兄弟）

「綠洲」也是一個巨大的「博物館」，每個人都可以在這裡讀到、看到、聽到、觸到、玩到世界上的任何一本書、任何一部影視劇、任何一首歌、任何一件藝術品、任何一款遊戲。每天都有數十億人在「綠洲」中娛樂，他們全部生活在這個規模巨大且還在不斷延展的無限世界裡。有些人在其中相識，成為摯友，甚至結婚，但他們在物理

世界中可能根本沒有見過面。人們與他們的「數位形象」越發融為一體。在數位世界裡流通的「綠洲幣」也能夠和物理世界的貨幣兌換。

從《潰雪》到《一級玩家》，再到 2021 年 8 月上映的電影《脫稿玩家》（Free Guy），這些文藝作品用科幻的方式，為我們描繪了一個可以滿足參與者無窮想像的全新數位化空間，讓人十分嚮往。它們也點燃了全世界無數極客天才創造元宇宙的夢想，也正是這些人的努力使元宇宙得以一步步走出科幻，使夢想照進現實。那麼，我們距離元宇宙還有多遠呢？

為什麼全球互聯網巨頭都在布局元宇宙

如果你關注科技新聞，那麼你一定感受到了近來前幾大互聯網公司對元宇宙的巨大熱情。其中，Facebook 是第一家將元宇宙提升到核心戰略級別的互聯網科技巨頭。

Facebook 創始人兼 CEO 馬克・祖克柏（Mark Zuckerberg）在 2021 年 6 月底接受科技媒體專訪時表示，Facebook 的未來規劃遠不僅是社交媒體，而是元宇宙。他計畫用 5 年左右的時間將 Facebook 打造為一家元宇宙公司（見圖 1-3）。

10 月 28 日，祖克柏在 Connect 大會上宣布 Facebook 公司更名為 Meta（本書仍以原名 Facebook 指代該公司），並承諾將打造一個

以人為中心、更具責任感的元宇宙平台。

　　為什麼互聯網巨頭裡搶先布局元宇宙的會是 Facebook？我們得從祖克柏對互聯網的願景說起。祖克柏曾經在一封信中寫道：「讓世界上每個人都互相聯繫，讓每個人都能夠發表自己的意見，為改造世界做出貢獻是一個巨大的需求和機遇。」「聯通世界」是他創建Facebook 的初衷：希望人們透過互聯網真正連結在一起，希望更多人透過網路找到志同道合的朋友，希望朋友和家人之間更為親密。

圖 1-3　祖克柏運用 VR 技術在虛擬空間中接受記者採訪
（圖片來源：美國哥倫比亞廣播公司）

　　隨著行動互聯網時代的到來，Facebook 進行了新的布局。在祖克柏看來，智慧手機等行動設備的普及將使手機聊天和手機照片分享等功能成為新一代社交的主要需求。2012 年 4 月，Facebook 以 10 億

美元的價格收購當時僅有 13 名員工的圖片社交應用軟體 Instagram，又在 2014 年 2 月以 160 億美元的價格收購即時通訊工具 WhatsApp。這兩次收購讓 Facebook 在行動互聯網時代的網路效應進一步強化。截至 2021 年 6 月 30 日，Facebook 的全球月活躍用戶人數為 29 億，超過全球總人口數的三分之一。

在這之後，互聯網的下一代在何方？祖克柏把元宇宙看作行動互聯網的繼任者。「今天的行動互聯網已能滿足人們從起床到睡覺的各種需求。因此，我認為元宇宙的首要目的不是讓人們更多地參與互聯網，而是讓人們更自然地參與互聯網，」祖克柏曾描繪道，「我認為元宇宙不只涵蓋遊戲。這是一個持久的、同步的環境，我們可以待在一起，這可能會像我們今天看到的社群平台的某種混合體，也是一個能讓你沉浸其中的環境。」

2014 年 1 月，祖克柏造訪了彼時成立不到兩年的虛擬實境公司 Oculus。當第一次戴上 Oculus Rift 這款 VR 頭顯設備時，他說了一句話：「你要知道，這就是未來。」2014 年，Facebook 以 23 億美元收購了 Oculus，並在 VR 業務上持續投入了大量研發費用。近幾年，研發費用已經達到每年 185 億美元的水準。Oculus 現在已經成為 VR 領域的全球領軍企業，其消費級核心產品 Quest 系列 VR 頭顯設備透過技術的升級，使價格從 399 美元下調至 299 美元，市場份額達到 75%，並出現了諸如《節奏光劍》（Beat Saber）這種現象級的 VR 應用（見圖 1-4）。Oculus 已經成為 Facebook 布局元宇宙最重要的一張「船票」。

　　除 Facebook 之外，中國互聯網公司也開始了對元宇宙的探索和布局。2020 年 12 月，騰訊出品了年度特刊《三觀》，馬化騰在前言中首次提出了「全真互聯網」的概念，並強調「全真互聯網」是騰訊下一場必須打贏的戰役。

圖 1-4　現象級 VR 遊戲《節奏光劍》
（圖片來源：Beat Games）

　　馬化騰認為：「虛擬世界和真實世界的大門已經打開，無論是從虛到實，還是由實入虛，都在致力於幫助用戶實現更真實的體驗。從消費互聯網到產業互聯網，應用場景也已打開。通訊、社交在影音化，視訊會議、直播崛起，遊戲也在雲端化。隨著 VR 等新技術、新的硬體和軟體在各種不同場景的推動，我相信又一場大洗牌即將開始。就像行動互聯網轉型一樣，上不了船的人將逐漸落伍。」

2012 年，騰訊以 3.3 億美元收購了 Epic Games 48.4％的已發行股份。本章開頭提到的《要塞英雄》就是其主力產品。《要塞英雄》是 2017 年 Epic Games 推出的大型逃生類遊戲，在不斷疊代升級之後，逐漸成為超越遊戲的虛擬世界，顯現出元宇宙的部分特質。在這裡，漫威公司和 DC 漫畫公司的經典角色可以混搭出現，《星際大戰》最新電影片段也搶先進行首映，甚至 Epic Games 還與時尚品牌 Air Jordan（簡稱 AJ）聯動，將 AJ 球鞋帶到了遊戲之中。截至 2020 年 5 月，全球有 3.5 億《要塞英雄》玩家，這裡甚至逐漸成為玩家的社群平台。Epic Games 已經正式進軍元宇宙，在 2021 年 4 月宣布獲得 10 億美元投資，用於建構元宇宙相關業務。

Epic Games 的業務主要包括兩大部分：一方面，透過《要塞英雄》為個人提供遊戲服務；另一方面，開發「虛幻引擎」（Unreal Engine）。該引擎號稱是世界上最開放、最先進的即時 3D 創建平台，可提供逼真的視覺效果和身臨其境的體驗，可為遊戲、建築、影視等需要物理渲染數位畫面的行業提供企業級服務。虛幻引擎為《要塞英雄》的持續擴展提供了通用框架，讓那些使用該引擎開發並在 Epic Games Store（應用商店）上線的遊戲集合成一個整體，玩家在《要塞英雄》中設定的數位分身形象可以在該集合體中任意「穿梭」。Epic Games 希望打破遊戲的圍牆花園，支持遊戲開發者一起建構出新的生態。該公司正在構造一個極為龐大的數位空間，這不僅是遊戲的空間，也是社交和生活的空間。

Epic Games 的虛幻引擎應用場景已經大大擴展。美劇《曼達

洛人》（The Mandalorian）的拍攝就拋棄了傳統的綠幕，採用了
Epic Games 和光影魔幻工業（Industrial Light & Magic）合作開發的
StageCraft 即時 3D 投影技術，可以在影視製作現場模擬出真實的環
境，從而產生驚人的視覺效果（見圖 1-5）。這讓劇組不再需要奔波
於全球各地尋找取景地，演員也無須僅僅依靠想像進行表演。

　　除了上述公司之外，還有很多巨頭企業在 2021 年宣布了元宇
宙戰略。例如，微軟正式宣布探索元宇宙，推出兩款新的軟體平台
Mesh for Teams 和 Dynamics 365 Connected Spaces。迪士尼獲批專為其
主題公園元宇宙申請的技術專利——虛擬世界模擬器（Virtual World
Simulator），並表示元宇宙將是迪士尼的未來。Nike、愛迪達相繼推
出虛擬世界「Nikeland」和「adiVerse」積極進軍元宇宙。

圖 **1-5**　《曼達洛人》拍攝現場使用了基於虛幻引擎的即時 **3D** 投影技術
（圖片來源：光影魔幻工業）

　　在中國，網易、百度、字節跳動、騰訊、阿里、華為、嗶哩嗶哩等互聯網巨頭也紛紛搶灘布局元宇宙。網易公布了面向元宇宙的下一代互聯網技術架構，並推出其虛擬人 SDK（軟體開發套件）「有靈」、沉浸式活動系統「瑤台」，並與海南省三亞市政府簽署戰略合作協定共建元宇宙產業基地。百度推出具有社交屬性的元宇宙平台「希壤」。阿里巴巴達摩院增設作業系統實驗室和 XR 實驗室兩大實驗室，探索元宇宙底層技術。華為依託於河圖 Cyberverse 技術，上線了與北京首鋼園的合作項目「首鋼園元宇宙」。

元宇宙就是第三代互聯網

　　我們該如何定義元宇宙？維基百科對元宇宙的定義是，「元宇宙是集體的虛擬共享空間，包含所有的虛擬世界和互聯網，或許包含現實世界的衍生物，但不同於擴增實境。元宇宙通常被用來描述未來互聯網的疊代概念，由持久的、共用的、3D 的虛擬空間組成，並連結成一個可感知的虛擬宇宙」。

　　這是否就是大家所認知的元宇宙呢？其實，由於元宇宙還處於早期階段，科技、商業、投資等行業人士從他們自己的角度出發，對元宇宙有著不同的理解。

　　祖克柏認為，元宇宙是行動互聯網的繼任者，那將會是一個永

續、即時且無進入許可限制的環境，用戶能夠用所有不同的設備訪問。他認為：「在那裡，你不只是觀看內容，你整個人還身在其中。」

Roblox 聯合創始人及 CEO 大衛‧巴斯佐茲基（David Baszucki）認為，元宇宙是一個人們可以花大量時間工作、學習和娛樂的虛擬空間。他認為：「將來，Roblox 的用戶不僅能夠在平台上讀到關於古羅馬的書籍，還可以參觀在元宇宙中重建的歷史名城，在城裡閒逛。」

在 Nike 技術創新全球總監艾瑞克‧雷德蒙（Eric Redmond）看來，元宇宙跨越了現實和虛擬實境之間的物理和數位鴻溝。

《人工智慧研究雜誌》（The AI Journal）創始人湯姆‧艾倫（Tom Allen）則表示，元宇宙是一個呈指數級增長的虛擬世界，人們可以在其中創造自己的世界，以他們認為合適的方式應用物理世界的經驗和知識。

在我看來，元宇宙是承載人類未來生活方式的數位新空間，是一個人人都會參與的數位新世界，讓每個人都可以擺脫物理世界中現實條件的約束，從而在數位空間中成就更好的自我，實現自身價值的最大化。元宇宙是區塊鏈、人工智慧、5G、VR、AR、物聯網、大數據、雲端運算、邊緣運算等前沿數位技術的集成應用。

也可以為元宇宙下一個更簡單的定義：元宇宙是下一代互聯網，也就是第三代互聯網（Web 3.0）。

我們可以把過去 25 年互聯網的發展歷程視作池塘水面上的漣漪一圈圈往外擴散的過程，每一次互聯網的發展疊代都是依靠技術創新推動應用場景範圍一圈圈往外擴展的，進而助推社會經濟向更高

層次邁進。基於這個邏輯，可以把互聯網分為三個發展階段（見圖 1-6）。

圖 1-6　互聯網的三個發展階段

　　第一代互聯網（Web 1.0）是 PC（個人電腦）互聯網，從 1994 年發展至今。第一代互聯網的優勢在於高效地傳輸資訊，因此網路新聞、線上搜尋、電子郵件、即時通訊、電子商務、多媒體簡訊服務、來電答鈴、電腦和網頁版遊戲等應用普及，互聯網用戶被迅速連結起來，從而提升了全球資訊傳輸的效率，降低了資訊獲取的門檻。這個階段的代表公司包括雅虎、美國線上、Google、亞馬遜、新浪、搜狐、網易、騰訊、百度、阿里巴巴、京東等。

　　第二代互聯網（Web 2.0）是行動互聯網，從 2008 年左右拉開大幕，到今天仍然精彩紛呈。智慧手機具備「永遠在線上」和「隨時隨地」的特點，這讓行動互聯網成為很多人生活的重要組成部分。「上

網」這個概念在這個階段逐步消失，我們時刻都生活在網路裡。社交關係被大量地引入互聯網，更多的新社交關係被建立。智慧型手機讓各類感測器開始普及，讓物理世界加速映射到互聯網實現數位化，同時也讓互聯網上的各種服務能夠應用到社會生活中，線上（Online）和線下（Offline）開始緊密地互動。社群網路、O2O 服務（線上到線下服務）、手機遊戲、短影音、網路直播、資訊流服務、應用分發和互聯網金融等行動互聯網服務成為主流。在這個階段，蘋果公司、Facebook、Airbnb、優步、小米、字節跳動、滴滴、美團、螞蟻金服、拼多多和快手等迅速崛起，成為各自領域的領軍企業。

在我看來，第三代互聯網（Web 3.0）就是元宇宙。2021 年是元宇宙元年，新一輪互聯網疊代升級的大幕就此拉開。我們將看到一系列新變化：區塊鏈讓數據成為資產，智慧合約打造可程式化的智慧經濟體系，人工智慧建構全球智慧大腦並創造「數位人」，物聯網讓物理世界的現實物體向數位空間廣泛映射，AR 實現了數位世界與物理世界的疊加，5G 網路、雲端運算、邊緣運算正在建構更加宏偉的數位新空間。這個發展階段也同樣會出現一系列全新的「殺手級應用」，誕生一批偉大的新型經濟組織（而非壟斷巨頭企業）。

一大批關鍵元宇宙應用正在湧現：開放世界遊戲是元宇宙的先行「試驗區」，虛擬實境和體感設備是幫助我們全感官進入元宇宙的「連結器」，數位孿生是元宇宙虛實結合數位空間的「建構器」，數位人將是與我們共同創造元宇宙的「新夥伴」，NFT 是元宇宙中賦能萬物的「價值機器」，DeFi 是元宇宙中數位財富的「價值管道」，

數位身分和數位形象則是每個人在元宇宙中的「通行證」。

元宇宙的本質特徵是五大融合

在我看來，元宇宙的本質特徵是五大融合：數位世界與物理世界的融合、數位經濟與實體經濟的融合、數位生活與社會生活的融合、數位資產與實體資產的融合、數位身分與現實身分的融合（見圖1-7）。元宇宙並非只是「虛擬空間」，發展元宇宙的關鍵是「融合」。

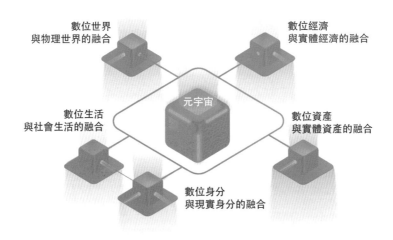

圖 1-7　元宇宙的本質特徵是五大融合

數位世界與物理世界的融合

　　開放世界遊戲可以被視作元宇宙「數位世界」的先行試驗區。在過去十年中，大型開放世界遊戲逐步成為電子娛樂產業發展的重點，這些遊戲具備任務的非線性化、可自由探索的大型地圖、高度智慧強互動的 NPC（非玩家角色）等一系列特點，每個玩家都可以在這些遊戲中找到自己個性化的遊玩方式。

　　在《薩爾達傳說　曠野之息》（The Legend of Zelda: Breath of the Wild）中，許多玩家熱衷於探索套裝風格多樣化的升級方式，挑戰各具特點的怪獸，嘗試各類食材的不同料理方式，以至選擇放棄「營救公主」的主線劇情。《上古卷軸 V：無界天際》（The Elder Scrolls V: Skyrim）和《巫師 3：狂獵》（The Witcher 3: Wild Hunt）也具有自由度極高的遊戲體驗，給予玩家客製化的角色、自由的職業搭配、多結局的劇情選擇（見圖 1-8）。我們看到，在大型開放世界遊戲中，遊戲僅僅是一個背景，玩家可以充分自主地找到屬於自己的獨特經歷，這與元宇宙帶給用戶的體驗殊途同歸。

　　和這些遊戲相比，元宇宙數位空間的一個新的重要特點是具備「永續性」，這也就意味著，這個數位世界可以跟物理世界一樣持續地存在下去，並逐步演進出更高階的型態。元宇宙不會是由一家或幾家公司控制的「中心化」世界，無論是元宇宙自身，還是使用者在數位空間擁有的數據和資產，都將基於分散式儲存體系實現永續保存，

不會被隨意地修改或者刪除。

　　元宇宙不僅僅是數位世界，而是讓數位世界和物理世界實現強互動、深融合。正因為如此，它才能推動互聯網和社會經濟向更高層次進步。數位世界如果不能為現實世界帶來價值，就不會有太大的發展空間。

圖 1-8　大型開放世界遊戲《巫師 3：狂獵》給玩家極大的遊玩自由度
（圖片來源：CD Projekt）

　　2020 年，Facebook 的 Oculus 發布了一款基於 VR 的應用程式 Horizon，用戶可以在其中創建一個會議室並召開遠端會議。我有一台 Oculus Quest 2 的 VR 頭顯設備，曾嘗試在 Horizon Workroom 中搭建一個會議室，這種在數位世界的互動交流體驗遠超我的想像。在物理世界中，每個與會者身處不同的城市。在元宇宙的會議室中，與會者可以獲得超越現實的交流體驗。比如，在會議中，一位同事的「數

位化身」坐在我的左邊，當他和我說話時，我能清楚地感知到聲音是從我的左側傳來的，甚至還可以看到他的肢體語言。儘管目前的場景還不夠精細，有些簡陋，甚至與會者只能飄浮在半空中，但與會的感覺與當前線上會議工具的 2D 版體驗非常不同。一場會議下來，我對每個人的觀點都很有印象，甚至能感受到真實的情感交流。每個人雖然都「遠在天邊」，但是在數位空間中「近在眼前」。這就是數位空間與物理空間融合帶來的改變。

那麼，元宇宙如何實現數位世界與物理世界的融合呢？我們可以將其拆分為「從物理世界到數位世界」和「從數位世界到物理世界」兩個層次。

「從物理世界到數位世界」可以理解為「數位孿生」。比如，隨著 3D 掃描技術的逐步成熟，我們可以對物理世界的對象進行 3D 快速建模，以實現這種轉變。目前，這項技術已較為成熟，甚至連 iPhone 12（或 13）Pro 等搭載的 LiDAR（光達）都可以對一個物理物體或場景進行快速掃描和建模，並生成 3D 數位模型。數位孿生還能應用於智慧城市和智慧製造等諸多場景。想像一下，我們在為一座城市建構出數位孿生體後，就可以將這座城市完全接入元宇宙，讓來自全球的人們在這個數位城市中盡情探索和創造。

隨著科技的發展，第二個層次「從數位世界到物理世界」也逐步成為現實。隨著 AR 技術的發展，諸如微軟 HoloLens、Google 眼鏡、Magic Leap 和 DigiLens 等 AR 眼鏡設備已經開始在一些產業中應用。在這些設備的幫助下，數位世界和物理世界可以融合在一起，使用者

可以同時與兩個世界的元素進行互動（見圖 1-9）。此外，無人機、智慧型機器人和機械外骨骼等設備的發展，也為數位世界和物理世界強互動提供了技術保障。例如，在出現災難事故的時候，我們可以在元宇宙中基於數位孿生體對受災現場進行快速的全面分析，並透過程式直接調用各類無人機、機器人參與搶修和救災活動。據報導，上海電網公司應用無人機噴火清理掛在高壓線上的塑膠膜，而傳統方法需要人工登塔清理，不僅耗時長，而且風險較大。在 2021 年河南特大暴雨災害期間，就有不少水面救生機器人、「翼龍」無人機等新型智慧設備參與水面救生、災害探查、緊急通訊保障和緊急投送等任務。

圖 1-9　AR 技術讓「從數位世界到物理世界」逐步成為現實
（圖片來源：視覺中國）

隨著技術的逐步成熟，「從物理世界到數位世界」和「從數位世界到物理世界」逐漸暢通，兩個世界可以實現共建共生。例如，敦煌文博會場館建設全程採用全 3D 數位化並行工程設計，大面積推廣以標準化設計、資訊化管理、智慧化應用為核心的裝配式建築，僅用了 8 個月時間就建造完成。由於敦煌大劇院的音響、燈光都預先在數位空間中建造了模擬模型，並做了大量的聲學分析、運算、模擬，所以如此大型的公共建築才能快速建設。未來在元宇宙中，類似的模式將很常見。元宇宙不是數位烏托邦，而是可以讓現實社會變得更美好並賦能實體經濟的下一代互聯網。

數位經濟與實體經濟的融合

全球知名投資銀行摩根士丹利（Morgan Stanley）和高盛（Goldman Sachs）的分析師都曾經表示，元宇宙的市場規模在未來可能達到 8 兆美元，根據長期研究元宇宙的風險投資家馬修‧鮑爾的觀點，元宇宙需要形成一個完全成熟的經濟體。除了剛才提到的資訊互動，元宇宙也會實現數位世界與物理世界在經濟層面的互通，從而形成一套高度數位化、智慧化的完整閉環經濟體系，實現數位經濟與實體經濟的融合。

元宇宙中更高層次的數位經濟，也就是元宇宙經濟，主要有以

下四大特徵。

第一，智慧經濟。元宇宙經濟將是基於區塊鏈和智慧合約的一種新經濟模式。區塊鏈是協作協定和結算網路。基於區塊鏈的智慧合約，人與人（含「數位人」）、人與物甚至物與物都能輕易實現自動化、可信化的經濟協作。此外，區塊鏈還可以用原子交換（Atomic Swap）的方式，在數位世界實現「一手交錢，一手交貨」（也就是貨銀對付，Delivery Versus Payment，縮寫為 DVP），無須第三方機構作為信用仲介提供擔保。雙方也不會面臨信用風險，從而大大降低交易成本。

第二，普惠經濟。新冠肺炎疫情在很大程度上改變了世界經濟格局，使世界出現了嚴重的「內卷化」（過密化）。而元宇宙將有望打破內卷化的發展模式，給予年輕人更多新的機遇，從而加快實現互利共贏和共同發展。此外，元宇宙也能讓經濟欠發達區域甚至國家找到新的發展空間。例如，在疫情期間，很多菲律賓人就透過區塊鏈遊戲元宇宙 Axie Infinity 獲得了不錯的收入。此外，在元宇宙中，「數位金融」將成為主流，可以讓各國民眾享受到低門檻、低成本、高效率的智慧化金融服務，從而提升金融服務的可得性和便利性，促進經濟實現包容性增長。

第三，創意經濟。元宇宙的重要組成部分是數位內容，元宇宙是由創作者驅動的世界。使用者不再是單純的數位內容消費者，而是內容的創作者和傳播者，從而形成一種基於 Prosumer（消費者即生產者）社群文化的發展模式。例如，Roblox 上的開發者收益總額在

2021 年第一季度就已接近 1.2 億美元，同比增長 167％。創意經濟兼具商業和文化雙重價值，不僅能刺激元宇宙經濟增長，還能帶來數位文化大繁榮。此外，在數位世界中，原生數位文創的價值將逐漸被社會認同，NFT 成為元宇宙中數位文創產品的價值載體。

第四，數據經濟。數據經濟的本質是，讓現實世界中的物理交易變成數據的流動。在元宇宙中，從「數位土地」、道具裝備到演算法模型、數據資源，都可以形成有價值的數位資產，並在市場中流轉形成公允價值。數據在元宇宙中上鏈並實現市場化配置，可以實現價值最大化，從而成為元宇宙中最重要的資產和生產要素。

在元宇宙時代，我們需要將數位經濟與實體經濟相結合。元宇宙中的原生經濟型態就是數位經濟，但無論元宇宙如何發展，其發展成果都必須以促進實體經濟發展為目標。元宇宙最關鍵的應用場景是產業場景。在元宇宙中，身處世界各地的人們可以高效溝通協作，全面聯網的智慧設備將有效聯動，產業鏈協作將變得更加透明高效。資產上鏈有望成為主流商業模式，可以促進數位資產和實體資產的融合「孿生」，全面提升資產流動性和價值。元宇宙將推動整個經濟體系加快向數位化、智慧化轉型升級，實現技術變革、組織變革和效率變革，從而推動建構全新的數位化經濟體系。

數位生活與社會生活的融合

在元宇宙數位世界中，試錯成本極低，每個人都能把自己的奇思妙想進行實踐，從而打破現實條件的約束，嘗試過起夢想中的人生。元宇宙的數位世界是為所有人打開「平行世界」的一道傳送門，每個人都可以充分利用數位世界的優勢，盡情發揮想像力，探索這個世界的無限可能。這將是滿足人們對美好生活熱切嚮往的重要方式。例如，我們在 Decentraland 甚至可以體驗乘龍飛行（見圖 1-10）。

圖 1-10　Decentraland 中的人氣小遊戲《神龍衝刺》（Dragon Rush），作者于佳寧並列第一（圖片來源：Decentraland）

近年來，模擬遊戲、沙盒遊戲越發受到廣大玩家喜愛。這些遊戲為玩家發揮創意、實踐暢想提供了廣闊天地。例如，《模擬城市》

（Sim City）可以讓玩家獲得真實的城市管理體驗。玩家可以將物理世界中城市的布局、交通、能源等數據登錄遊戲系統，在遊戲中進行低成本的優化測試，再將測試的成果回饋到現實城市的管理實踐中，因此這款遊戲在熱衷城市管理和規劃的人群中非常流行。再如，在《模擬市民》（The Sims）中，玩家從嬰兒開始一步一步成長，可以盡情體驗不同人生的成長過程；建築師還可以使用其中的建築編輯器功能快速設計房屋，驗證想像中的建築。

沙盒遊戲的核心特點是，具有創造性，並以極高的自由度給予玩家充分施展拳腳的空間，讓每個人都能基於自己的想法打造一個奇妙世界。在《當個創世神》（Minecraft）中，玩家可以依據自身的喜好選擇生存、創造、冒險、極限或者旁觀模式，既可以選擇打怪冒險，也可以選擇建構屬於自己的宏偉建築。儘管像素風格的畫面看起來比較粗糙，但這並未影響《當個創世神》成為全球最受歡迎的遊戲。截至 2021 年 5 月，《當個創世神》全球銷量達到 2.38 億份，月活躍用戶達到 1.4 億。《當個創世神》也是 2020 年在 YouTube 上被觀看次數最多的遊戲，其觀看次數超過 2000 億次。

這些遊戲讓玩家充分獲得數位生活體驗的自主權，這實際上展現了數位生活方式的精神內核，也是元宇宙中生活方式的雛形。但想要真正開始過數位生活，僅靠鍵盤、滑鼠或螢幕點觸等方式與數位世界進行互動是不夠的，數位生活也不可能僅僅局限在遊戲中。在元宇宙時代，使用 VR、AR、MR（混合實境）設備，以及帶有觸覺、嗅覺甚至味覺的體感設備類比五感，達到真正沉浸式的全身互動體驗，

圖 1-11　TeamLab 利用數位技術在現實中營造的夢幻世界
（圖片來源：TeamLab）

是實現數位生活的必要前提。

　　TeamLab 的數位光影展基於數位技術在線下打造了極為夢幻的
數位體驗環境，我們曾專門組團去東京參觀（見圖 1-11）。觀眾身處
其中，可以透過視覺、聽覺、嗅覺、味覺、觸覺等「全感官」沉浸式
體驗一個奇妙的世界。比如，在「塗鴉自然」作品展中，參觀者站在
原地不動，就可以感受到花朵在身邊綻放，領略四季變換的神奇。在

「小人所居住的桌子」的展覽中，人們可以和數位小人兒互動，透過放置不同物品讓小人兒跳躍或滑行以躲避障礙，如果小人兒走到了桌面中間的太陽那裡，很多閃爍的星星就會出現。TeamLab 在北京、上海、澳門、台北、東京、新加坡、紐約等全球很多城市都有長期展覽，受到了很多觀眾歡迎和喜愛。

當然，儘管數位生活有諸多美好之處，但實際上，完全生活在數位世界非常不現實，甚至可能是一種非常「孤獨」的體驗。創意影音網站嗶哩嗶哩上一位叫作「閃現蘿蔔」的 UP 主（影音博主）就曾嘗試戴著 VR 頭顯設備吃喝拉撒睡並連續生活了 5 天（120 個小時），他將這段經歷製作成影片記錄了下來。在數位世界裡，他可以打遊戲、上網課、寫論文、社交，甚至可以來一次登月圓夢之旅。然而，在一開始的激情退卻後，隨著他在數位世界中生活的時間越來越長，副作用也開始顯現。他在白天開始放空，在晚上又無法入睡，無比懷念戶外的陽光、花香和草地。在影片的最後，他摘下 VR 頭顯設備，奔向附近的公園，張開雙臂，讓拂曉的陽光灑滿整個身體。他感嘆：「科技的發展總讓人覺得沒有什麼是不能被複製和模仿的，但就在此刻，我終於明白，有些東西是永遠無法替代的。」

科技的發展能持續帶給人們新奇，數位生活能帶給人們全新的體驗，但來自社會生活的真實感受和體驗永遠不可或缺，兩者只有融合，才能滿足人們更高層次的精神需求。

數位資產與實體資產的融合

高效且可靠地轉移價值的能力是現代金融的核心。在元宇宙中，區塊鏈技術既可以讓數位資產實現確權、流轉並確保資產安全，也可以使元宇宙中的數位經濟活動累積並形成大量數位財富。區塊鏈上的數位資產——代幣（Token，又稱令牌）——將成為連結元宇宙物理世界和數位世界的資產橋梁，這些數位資產與 DeFi 相結合，能讓資產的流動性大大提升，從而真正啟動資產價值。

NFT 將成為契合元宇宙經濟的重要資產類別。每個 NFT 都是獨一無二、不可分割的，其利用區塊鏈技術發行，具有權屬清晰、數量透明、轉讓留痕等特徵。從 2021 年年初開始，NFT 開始爆發。2021年 8 月，時尚品牌 LV（路易威登）推出一款手機遊戲，其中的彩蛋就是 LV 限定的 NFT 數位收藏品（見圖 1-12）。

NFT 作為代幣的非同質化型態，成為賦能萬物的「價值機器」，將成為產業區塊鏈的新載體。未來，萬物皆可 NFT。另外，大量資產會以證券型代幣（ST，又稱股票代幣）的方式映射到元宇宙中。資產上鏈並在數位世界實現價值流轉與增值，這可以極大地提升資產的流動性和交易範圍，降低交易成本和門檻，為資產擴展更大的價值空間。

圖 1-12　LV 推出的手機遊戲內嵌 NFT 數位收藏品
（圖片來源：Louis Vuitton Malletier）

數位身分與現實身分的融合

想要在元宇宙中生存，數位身分不可或缺。數位身分也會逐步與現實身分相融合，形成統一的新型身分體系，建構元宇宙中的數位信用。

在生活中，數位身分已有雛形。例如，很多中國的 App 或者小程式支援用微信帳號、QQ 帳號或支付寶帳號授權登錄，一些網站支援用 Google 帳號、Facebook 帳號或蘋果帳號授權登錄，這些都是數位身分的雛形。但是，以上這些數位身分體系具有高度中心化的特

點，實際上是讓我們以失去對自己身分的控制權為代價換取些許便利。

在新冠肺炎疫情爆發後，被中國廣泛使用的「健康碼」也是一種動態的數位身分標識。與靜態的身分證相比，健康碼可以更加全面準確地反映個人的身分、行程、健康等一系列狀況。在各省的健康碼中，廣東的粵康碼很有特色。在符合中國大陸和澳門特別行政區兩地個人隱私保護相關法規要求（兩地的個人數據不能直接跨境傳輸互換）的情況下，粵康碼利用區塊鏈和隱私運算技術，與澳門健康碼實現了跨境互認，讓「應用跨境而數據不跨境」成為現實，從而形成了一種通用型的數位身分驗證新模式。這讓我們看到，在元宇宙中，數位身分徹底實現跨平台互通、互認是完全可能的。

元宇宙中的數位身分將建立在區塊鏈之上，數位身分與現實身分可實現融合統一。基於區塊鏈的數位身分，不僅可以確保身分由所有者完全掌控，而且可以確保身分安全，從而提升數位身分的可信程度，避免偽造、冒用、盜竊身分，有效保護隱私，實現身分可驗而不可見。

在數位身分體系中，隱私運算技術也發揮著基石性作用。隱私運算可以在多方利用個人數據的過程中增強對數據的保護，從而實現最小化資訊披露，讓數據「可用而不可見」。在「區塊鏈＋隱私運算」所搭建的生態裡，每個人都可以基於數位身分擁有自己的數據權益，在保護個人隱私的同時充分釋放數據價值。

在瑞士的楚格市，人們已經在使用基於以太坊區塊鏈的 uPort 管

理和驗證個人數位身分。居民可以下載 uPort 應用程式並創建身分，將對應的唯一私密金鑰保存在行動設備上，同時在以太坊區塊鏈上運行身分合約和控制合約兩個智慧合約。uPort 的用戶可以向特定的公司或者政府機構有選擇地披露特定資訊。使用者如果丟失存有私密金鑰的行動設備，那麼可以透過以太坊上的控制合約恢復身分。

在物理世界中，很多人會透過服飾、手錶、汽車等物品來展現自己的品味和實力，這其實是一種對外顯示身分的方式。在數位世界中，以 NFT 形式存在的藝術品、收藏品將會成為數位身分的外在表現。比如，一些頭像（Profile Picture，縮寫為 PFP，也稱為「個人資料圖片」）NFT 雖然看起來就是電子圖片，但實際上卻是持有者展現自我認知的媒介。在元宇宙時代，每個人都會擁有自己的數位形象，並用這個形象參與元宇宙中的各種活動。數位形象與區塊鏈上的身分標識又會共同組成元宇宙中的數位身分。基於數位身分，我們可以在區塊鏈上將身分、資產、數據統一。全部數位資產基於數位身分管理，可以有效確保資產安全。

未來，你在元宇宙中的一天

我們一起來展望十年後英雄在元宇宙中一天的生活。

英雄生活在 2031 年。一天上午，吃完早飯後，他去上班，但是

他並不需要離開家，而是透過 VR 設備接入元宇宙中的辦公室並開始一天的工作。英雄雖然是「遠端辦公」，但可以和同事在元宇宙中實現「面對面」的交流，溝通非常順暢（見圖 1-13）。今天，他的工作內容是去海外工廠進行巡檢，並與合作夥伴簽訂一份專利購買合約。

9：00，在和同事開過「面對面」的早會之後，英雄使用 VR 頭顯設備來到海外工廠的「數位孿生體」中進行巡檢。在檢查的過程中，英雄發現設備出現異常，於是對出現問題的設備進行了詳細的檢查，調整了錯誤的參數，修復了故障零件。這些修復動作在物理世界的工廠中會由機器人同步執行，大量感測器可以捕捉即時數據，以確保物理世界中的工廠狀態始終與元宇宙中的數位孿生體保持一致（見圖 1-14）。

10：30，在結束巡檢工作後，英雄回到元宇宙的辦公室中，為簽訂一份專利購買合約做準備。整個合約完全是以智慧合約的型態存在的，因此他詳細檢查了智慧合約的代碼，並利用多種工具進行代碼審計。

11：00，英雄輸入了合作夥伴辦公室在元宇宙中的座標，直接來到了對方公司進行簽約。這份專利購買合約以智慧合約的形式記錄在區塊鏈上，具有自動執行的功能。在雙方確認過合約代碼不存在問題後，英雄將用於購買專利的央行數位貨幣（CBDC）存入該智慧合約，隨後對方也將專利授權證書以 NFT 的形式存入該智慧合約。在英雄對 NFT 專利證書進行驗證後，智慧合約會自動執行，按照預先的設定將第一批款項支付給對方，同時將 NFT 專利證書發送到英雄

圖 1-13　在元宇宙中可以與同事實現遠端但「面對面」的交流
（圖片來源：vSpatial 公司官網）

圖 1-14　元宇宙中的數位孿生工廠與物理世界的工廠保持狀態同步
（圖片來源：iStock）

所在公司的地址。智慧合約自動執行的方式（原子交換實現券款對付）可以有效避免合約的違約風險，鏈上保存也可以確保合約不會被隨意更改。

12：00，英雄到元宇宙數位廚房選擇了一系列食材，為自己精心搭配了一份午餐。該數位廚房是物理世界廚房的數位孿生體。當英雄在元宇宙中搭配午餐時，在離他家不遠的中央廚房中，機器人也同步在準備他的午餐，並將午餐透過智慧無人機配送到他的家中。英雄享用了一頓美味且健康的午餐。

14：00，英雄乘坐無人駕駛計程車來到「火幣大學」的教室，戴好 AR 頭顯設備開始上課。這堂課是關於 NFT 藝術創作的進階課程，由全球頂級的數位藝術家授課。目前，英雄已經初步掌握數位藝術創作的基本技能，並將課程的內容學以致用，利用業餘時間創作了一批數位藝術品，出售並賺到了一些央行數位貨幣。這節課在亞洲十個城市的分校同步進行，老師並沒有在任何一個教室中，而是在元宇宙的一個數位畫室內進行授課。在上課的過程中，所有同學都可以透過 AR 眼鏡看到老師授課的場景。在實踐練習階段，每個學生都會有一位「數位人」助教專門指導，以高效率完成練習任務。在上課過程中，英雄既可以和身邊的同學進行線下討論，也可以透過 AR 設備與老師、「數位人」助教以及其他城市的同學交流研討。

19：00，英雄約了朋友在元宇宙中進行徒手攀岩和翼裝飛行。他在家中換上了全套的體感設備套裝並開始「攀岩」。儘管這些在物理世界中都是非常危險的極限運動項目，但在 VR 和體感設備的幫助

下，英雄可以安全地體會那種徒手攀上峭壁然後一躍而下向著落日飛

行的感受（見圖 1-15）。

圖 1-15　元宇宙中每個人都可以安全又刺激地徒手攀岩
（圖片來源：iStock）

第二章

先行者如何創造元宇宙

目前，元宇宙生態的發展還處於早期的萌芽階段，但是一些具有遠見卓識的公司或者項目正在努力將元宇宙的偉大願景變為現實。其中，Roblox、Decentraland 是比較有前瞻性和代表性的應用，我們將深入剖析這兩個案例，看一看這些先行者是怎樣建構元宇宙的。

Roblox：華爾街追捧的元宇宙超級獨角獸

　　2021 年 3 月，一家名為 Roblox 的遊戲公司登陸紐交所（見圖 2-1）。該公司旗下只有 Roblox 這個產品，看起來就是一個小遊戲平台。但令人驚奇的是，該公司上市首日的市值就超過了 400 億美元。400 億美元是什麼概念呢？是《刺客教條》（Assassin's Creed）遊戲開發商老牌遊戲大廠育碧（Ubisoft）的六倍，是全球第二大遊戲公司任天堂（Nintendo）的六成。

圖 2-1　Roblox 公司成了元宇宙探索者
（圖片來源：Roblox）

　　為什麼這家名不見經傳的公司會受到華爾街投資機構的追捧？為什麼會有如此高的估值？

　　事實上，Roblox 並非一家簡單的小遊戲公司，而是一家致力於

用自己的方式建構元宇宙的公司。在創始人大衛・巴斯佐茲基的眼中，「元宇宙是一個將所有人相互關聯起來的 3D 虛擬世界，人們在元宇宙中擁有自己的數位身分，可以在這個世界裡盡情互動，並創造任何他們想要的東西」。

在 Roblox 的世界中，遊戲玩家不僅是遊戲的參與者，也是遊戲世界的創造者，可以自己搭建遊戲應用（也被稱為「體驗」）並獲得收益。這些收益既可以在該平台的其他遊戲應用中使用，也可以提現。玩家只需要精心創造一個形象，就可以用這個形象參與 Roblox 的所有遊戲。在招股書中，該公司特地總結了其眼中元宇宙的八大特徵，分別是身分、朋友、沉浸感、隨時隨地、低摩擦、多樣化內容、經濟系統和安全（見表 2-1）。

表 2-1　Roblox 招股書中元宇宙的八大特徵
（數據來源：Roblox 招股書）

特徵	描述
身分（Identity）	用戶透過數位化身的形式擁有自己獨一無二的身分，可以用數位化身來表達自我，變成自己想要成為的樣子
朋友（Friends）	用戶可以與朋友互動，包括現實世界中的朋友和在 Roblox 中新認識的朋友
沉浸感（Immersive）	Roblox 提供 3D 和沉浸式的場景體驗，這些體驗將變得越來越有吸引力，並與現實世界融為一體
隨時隨地（Anywhere）	Roblox 上的用戶、開發者以及創作者來自世界各地；用戶端可以在 iOS、Android、PC、Mac 和 Xbox 上運行，可在多種 VR 頭顯中使用

特徵	描述
低摩擦（Low Friction）	用戶可以免費使用平台上的開發項目，在各種體驗之間快速穿梭；開發者可以很輕鬆地建構和發布新的項目，所有用戶均可訪問；Roblox 為開發者和創作者提供一些關鍵的基礎服務
多樣化內容（Variety of Content）	這是一個由開發者和創造者持續創造的巨大且不斷擴展的「宇宙」，其中的項目包括類比建造和營運主題公園、領養寵物、潛水、創造和扮演自己的超級英雄等等；還有數以百萬計的創作者在創造數位物品，即使用者生成內容
經濟系統（Economy）	平台擁有一個名為「Robux」的遊戲貨幣以及在此基礎上充滿活力的經濟體系；用戶可以用它為自己的角色購買道具，以裝扮自己的數位化身；開發者和創造者則可以透過創造吸引人的體驗和道具來獲得 Robux
安全（Safety）	集成多個系統來確保文明的遊戲環境和用戶安全；遵循現實世界的法律和監管要求

早在 1989 年，巴斯佐茲基開發了一個名為 Knowledge Revolution（知識革命）的教學軟體，其最初的目的是讓學生類比 2D 物理實驗，並用虛擬槓桿、斜坡、滑輪和射彈類比物理問題，但學生卻在這款教學軟體上找到了遊戲的樂趣。1998 年，Knowledge Revolution 被做專業模擬工具的公司 MSC Software 以 2000 萬美元的價格收購。後來，巴斯佐茲基又投資了一家社交網路公司 Friendster。就這樣，具有強大創造工具的物理沙盒和社交概念成為 Roblox 的兩個關鍵部分。

Roblox 成立於 2004 年，最初的名字是 Dynablox。Roblox 在測試版發布後的一段時間裡的用戶量非常小，高峰期大約只有 50 人同時在線。後來，該公司推出了 Roblox Studio，玩家可以自己創建遊戲應用。到 2018 年，Roblox 已經擁有 400 萬名創作者、4000 萬款遊戲，日活躍用戶超過 1200 萬人。最頂尖的創作者年收入達到了 300 萬美元，整個行動端的收入達到 4.86 億美元，Roblox 成為當時收入最高的沙盒遊戲。2019 年和 2020 年，Roblox 日活躍用戶數量持續上升，分別達到了 1800 萬人和 3300 萬人。

特別值得注意的是，Roblox 的用戶群體非常獨特。它在北美 Z 世代（1995 ～ 2009 年出生的一代人）中極受歡迎，每天平均有 3620 萬用戶登錄。

現在，Roblox 已經成為一個大型的多人線上創作平台。整個生態非常多元化，不僅包括遊戲體驗、遊戲開發、程式設計教育等應用，還打造了一個完整的經濟生態。Roblox 透過遊戲貨幣 Robux，打通遊戲中消費者和創造者的連結通道，形成了一個完整的數位生態閉環，可以理解為一種元宇宙的早期型態。在該平台上，用戶可以體驗模擬經營、生存挑戰、開放世界、跑酷、角色扮演等諸多數位場景，從而獲得獨特的精神體驗，並建立和維護社交關係。

Roblox 積極與各領域的品牌跨界合作，讓數位世界與物理世界更加緊密地結合起來。2021 年 12 月，服裝製造商拉夫勞倫（Ralph Lauren）在 Roblox 中推出了數位時裝系列，玩家除了可以參與冬季專屬活動並探索限定的服裝造型，還可以和好友一起逛逛數位服裝專賣

店、裝飾虛擬聖誕樹等。除此之外，限量款的拉夫勞倫數位服飾還可以用來打造玩家在 Roblox 中的數位形象。

Decentraland：去中心化的元宇宙新空間

我們再來看看基於區塊鏈的元宇宙項目 Decentraland（見圖 2-2）。這是一個基於以太坊區塊鏈的 3D 開放數位世界，在 2015 年由創始人兼開發者阿里・梅利希（Ari Meilich）和艾斯特班・奧爾達諾（Esteban Ordano）共同開發。梅利希最早的靈感也是來自《潰雪》，透過以太坊區塊鏈，他讓這個靈感變成了現實。

Decentraland 與遊戲類項目存在著很大的差異。2017 年 12 月，它進行了第一批「數位土地」的拍賣。這一次總計拍賣了 34356 塊「數位土地」，成交額為價值約 3000 萬美元的 MANA 代幣[4]。但是，這些代幣並沒有進行二次分配，而是被全部銷毀，這就減少了代幣的流通量，相當於將對應的價值平均分配給了所有代幣的持有者。2018 年 12 月，它進行了第二次拍賣，參與競拍的玩家最終以價值 660 萬美元的代幣購買了所有剩餘「數位土地」。和現實中的土地一樣，持有者也可以在二級市場上隨時出售自己的「數位土地」。到了 2020

4　MANA 代幣是 Decentraland 項目方發行的基於區塊鏈的代幣。

年 2 月，Decentraland 正式上線，上線後一週的活躍玩家數超過了
12000 人。

圖 2-2　基於區塊鏈的去中心化元宇宙數位空間 Decentraland
（圖片來源：Decentraland）

　　Decentraland 還將應用場景擴大到學習、會議、拍賣和展覽等多
個領域，搭建了一個更真實的世界。Decentraland 的 Genesis City（創
世城）共有 90000 塊「數位土地」，每塊面積為 10×10 平方公尺，「數
位土地」以座標的方式代表所在的位置，持有者可以在「數位土地」
上建造建築物，展開娛樂、創作、展示、教育等各種類型的活動。目
前，數位土地受到了越來越廣泛的關注。2021 年 11 月 23 日，著名
歌手林俊傑在 Twitter 上宣布自己在 Decentraland 上購買了三塊數位
土地，據媒體估算總價值約 12.3 萬美元。

　　2020 年 4 月，受到了新冠肺炎疫情的影響，線下的 Coinfest Conference（加密會議）改在 Decentraland 中舉行（見圖 2-3）。除了參與會議外，與會者還可以在數位遊樂場娛樂，透過遊戲的方式獲得這個世界中的通行資產，也可以參觀藝術館並一鍵傳送回主會場。當然，目前 Decentraland 中的畫面還比較簡單，和真實世界差距較大，無法達到讓人完全沉浸的狀態，因而仍有巨大的改進空間。

　　很多公司正在從物理世界逐步遷移到元宇宙。例如，國盛證券區塊鏈研究院在 Decentraland 中建設了公司總部（見圖 2-4）。這棟建築共有兩層：一樓展示國盛證券區塊鏈研究院的研究報告，訪客點擊後可以查看；二樓有直播和路播大廳，可以展開直播和路演活動。

　　2021 年 6 月，全球最大的拍賣行之一蘇富比在 Decentraland 中建造了其標誌性的倫敦新龐德街畫廊。該數位畫廊包括五個空間，在門口還設置了門衛漢斯・洛穆德（Hans Lomulder）的經典形象。該數位畫廊展出很多 NFT 作品，訪客只要點擊作品就可以查看相關的拍賣資訊，也可以直接跳轉到蘇富比的拍賣頁面（見圖 2-5）。

　　我們可以預見，Z 世代將是元宇宙的「原住民」，Roblox 作為他們進入元宇宙的第一站，而 Decentraland 為元宇宙搭建了「樣品屋」。此外，還有很多其他開放數位世界專案也正在快速建設和發展，比如 The Sandbox、Cryptovoxels，以及百度公司推出的「希壤」、天下秀公司推出的「虹宇宙」等等。當然，無論是在沉浸體驗還是經濟體系上，這些項目都還處於非常早期的階段，仍有巨大的進步空間。

圖 2-3　Decentraland 中舉辦的會議
（圖片來源：Decentraland）

圖 2-4　作者于佳寧到訪 Decentraland 中的國盛證券區塊鏈研究院
（圖片來源：Decentraland）

圖 2-5　作者于佳寧在蘇富比數位畫廊中欣賞 NFT 展品
（圖片來源：Decentraland）

元宇宙中的工作、學習、社交和娛樂

　　未來，我們每個人都將在元宇宙中工作、學習、社交和娛樂，盡情創造，快樂生活，充分發揮創造力的價值，並將這種價值回饋到現實中。元宇宙會帶給我們每個人同時超越物理世界和數位世界的「雙超越」的人生體驗。

元宇宙中的工作和學習

在新冠肺炎疫情期間，全世界大多數人都在居家辦公，大多活動和會議都透過線上語音或者視訊會議的方式進行，但這種會議效率實際上並不高。祖克柏就曾經抱怨：「在過去一年的工作會議中，我有時發現很難記住開會的人都說了些什麼，因為他們看起來都是一樣的，經常被記混。我認為部分原因是我們（在網路會議中）沒有那種空間感。而借助 VR 和 AR 技術，元宇宙將幫助我們（在數位空間）體驗『臨場感』，我認為這種臨場感將讓我們在互動上更自然。」

因此，不少公司將活動搬到了元宇宙中。2020 年 7 月，一位名為艾倫・諾瓦克（Allan Novak）的加拿大使用者透過元宇宙的方式參加了一場數位空間中的會議活動。這種形式的線上會議與傳統的視訊和語音會議相比，沉浸感更強。與會人員可以選擇坐在任何地方，可以看到會場的其他參與者，也可以舉手發言並參與交流。

另外，很多學校不僅將課堂搬到了線上，甚至把畢業典禮也搬到了元宇宙中。2020 年，美國加州大學伯克利分校的 100 多名學生與校友，在《當個創世神》中搭建了大部分校園建築，並成功舉辦了線上畢業典禮。哥倫比亞大學傅氏基金工程和應用科學學院的師生也在《當個創世神》中搭建了數位校園，並舉辦了畢業典禮，這讓畢業生即使不回到學校也能「身臨其境」地感受畢業的氛圍（見圖 2-6）。

圖 2-6　哥倫比亞大學在《當個創世神》中舉辦畢業典禮
（圖片來源：哥倫比亞大學官方 Twitter）

元宇宙中的社交

　　社交是元宇宙的關鍵應用場景，物理世界裡的大多數社交場景正逐漸在元宇宙中實現，比如和朋友聊天、約朋友逛街、參加聚會、看電影、旅行等。Decentraland 中就有各式各樣的展覽和活動，用戶可以把座標位址發給朋友，讓大家一起參與進來。目前，Decentraland 中每個月都有幾十場活動，涵蓋會議、音樂、遊戲、藝術等各個領域。

　　在 Steam VR 和 Oculus 商店中曾經排名第一的免費 VR 應用程式 VRChat 就是大型的線上社群平台。玩家可以自訂形象，自由穿梭於無數場景、遊戲、活動中，與來自世界各地的玩家進行社交和探索。

憑藉 VR 設備或電腦，玩家可以透過語音、手勢進行極為真切的情感交流，甚至可以配合使用體感設備在數位世界中實現觸摸、擁抱。

2020 年 11 月，VRChat 有 24000 人同時在線，其中使用 VR 設備接入的使用者的占比高達 43％。在 VRChat 中，大部分虛擬場景都是用戶自主生成的，其社交和創造環境非常自由，充斥著各種流行文化和次文化，形成了一個帶有濃厚 Z 世代氣質的文化場域。VRChat 網站上有一個官方日曆，列出了各個虛擬房間舉辦的各種活動。這些活動包括 Open Mic 之夜、日語課程、冥想練習和即興表演等。

元宇宙中的娛樂

目前，娛樂是與元宇宙結合最密切的落地場景。除了一些元宇宙遊戲外，很多商場中都有 VR 遊戲體驗場所。人們只要戴上 VR 頭顯設備，坐在類比的座艙裡，就可以身臨其境地體驗雲霄飛車、海盜船、宇宙探險等奇妙場景。但這只是一種虛擬實境的遊戲體驗，不能算是真正的元宇宙娛樂體驗。元宇宙中的玩家應該既是遊戲的參與者，可以盡情地參與互動，也是遊戲的創造者，可以開發他們想要的遊戲場景。比如在 Roblox 中，我們隨意打開一款水上公園的小遊戲，就會發現這個遊戲是由玩家自行創建的。進入遊戲後，我們可以挑選喜歡的衣服、帽子、太陽眼鏡，裝扮虛擬形象。之後，我們可以體驗

各種水上遊戲項目，就像專業運動員一樣。

　　基於元宇宙的娛樂場景對社會發展也有著重大意義。根據馬斯洛的需求金字塔理論，人類的需求可以分為五級，從底部向上分別為生理（食物和衣服）、安全（工作保障）、社交（友誼）、尊重和自我實現。其中，自我實現是最高層次的需求。但是，在物理世界中滿足自我實現需求的門檻實在太高，只有一小部分人有機會實現。元宇宙讓更多的人有機會滿足自我實現的需求。無論一個人的年齡、職業、身體條件如何，他在元宇宙中都能和所有人一樣擁有廣闊的數位世界。即使是養老院的一位老人，也可以在元宇宙中周遊世界。哪怕是行動不便的殘疾人，也能在元宇宙中上天下海，無所不能。

　　在由遊戲工作室 Ready At Dawn 開發的基於 VR 平台的《Echo》系列遊戲中，使用者可以使用 VR 設備接入一個可以自由飛翔的世界，在零重力環境下探險、競技。羅傑・懷爾德（Roger Wild）是一位居住在英國的 51 歲帕金森氏症患者，其病症嚴重到影響他的記憶，就連工作、生活都變得困難。在那之後，他經常用 VR 設備玩《Echo Arena》這款遊戲，生活品質因此有了明顯提升。羅傑・懷爾德表示：「在《Echo Arena》中待得越久，就認識越多人，如果你也因為帕金森氏症等問題在真實世界中的社交圈子有限，感到孤獨，那麼 VR 也許能為你提供和全世界交流的機會。」在這些元宇宙的娛樂場景中，即使是身體殘疾的用戶，也能創造傲人的成績。里安・格林（Ryan Green）是一名僵直性脊椎炎患者，需要長期坐在輪椅上，但是在遊戲《Space Junkies》中，他甚至衝進了 VR 聯盟賽第三賽季的總決賽。

邁向元宇宙生活的新挑戰

　　2020 年，亞馬遜製作了一部有趣的情景喜劇《上傳天地》（Upload）。故事的背景是，2033 年，整個世界實現了全面的數位化和智慧化，人們在去世前將自己的思維數據「上傳」到一個名為湖景莊園（Horizen Lakeview）的數位世界，借此實現「永生」。男主角南森（Nathan）在影片剛開始時就遇到了非常嚴重的車禍，瀕臨死亡。南森的女朋友說服他放棄搶救，因此他在逝世前將自己的思維數據「上傳」到了湖景莊園。

　　湖景莊園中的生活體驗幾乎與物理世界一模一樣，比如南森在數位世界中擁有與物理世界相同的樣貌，會感覺到飢餓和寒冷，也可以參加各種活動。當然，南森還可以獲得一些超越現實的體驗，例如在付費後，可以一鍵調節窗外的景色和季節（見圖 2-7）。湖景莊園的世界也可以與物理世界進行互動。

圖 2-7　南森在湖景莊園中可以一鍵調節窗外景色
（圖片來源：電視劇《上傳天地》，出品商亞馬遜）

　　南森在湖景莊園中日復一日地過著普通的生活。湖景莊園裡的生活看似美好，卻存在著很多問題。例如：使用者在湖景莊園中的所有消費都需要由現實中的人進行續費；用戶對湖景莊園並沒有任何話語權，所有的一切都是由湖景莊園項目的開發公司和管理員控制的；使用者的隱私數據被人們隨意買賣，當成配飯的影片；伺服器出現問題導致很多使用者數據丟失，從而導致他們直接變成像素極低的「馬賽克人」。這些湖景莊園中的經濟生態和數據權利問題雖然都來自想像，但也切實反映了我們進入元宇宙的障礙。想要真正邁向元宇宙，我們必須透過一系列技術應用找到解決這些問題的方案。

經濟生態

　　在湖景莊園的世界裡，使用者購買的服務都是以美元計算的。比如，如果用戶想要獲得打噴嚏體驗，那麼他需要支付 1.99 美元。這些生活在湖景莊園裡的用戶依賴現實生活中的親人幫他們繳納高額費用。比如，男主角南森就靠現實生活中的女朋友幫他儲值「續命」。

　　也就是說，湖景莊園中並沒有原生的經濟型態，這就帶來了一系列的問題。第一，湖景莊園是數位化的世界，一切都是由數據組成的，所以引入另外一套外部獨立的結算體系（例如，用現實生活中的美元進行結算）並不是最優的選擇，效率很低，也很容易出錯。第二，

湖景莊園中沒有內部的經濟生態，系統運轉高度依賴外部價值輸入，沒有生產機制，無法形成財富「創造－消費」的閉環，只是一個數位化的消費場景，很難長時間持續。因此，湖景莊園不算真正的元宇宙。真正的元宇宙不僅需要在內部創造一個閉環的經濟體系，還需要將資產價值向外延伸到物理世界，這樣才有可能長期存在下去。

　　元宇宙是數位化的世界，這就要求經濟體系的基礎也應該是數位化的。基於區塊鏈技術的代幣經濟，可以有效滿足元宇宙經濟生態的需求。比如，DeFi 可以透過智慧合約自動完成所有金融活動的結算，NFT 可以使數位內容「資產化」，資產上鏈可以打通物理世界和數位世界的資產。我們認為，基於區塊鏈技術，元宇宙有望打造一個真正閉環的數位化經濟生態。

數據保護

　　湖景莊園由公司開發並管理，用戶幾乎沒有任何擁有自己數據的權利。物理世界中的管理員既可以對湖景莊園的用戶進行管理，也可以穿上硬體設備進入湖景莊園和用戶交流，因而他幾乎是那個世界中至高無上的存在，甚至可以為所欲為。例如，儘管湖景莊園明令禁止隨意修改使用者的外形數據，但管理員還是可以輕而易舉地修改用戶的外觀。男主角南森在剛剛到湖景莊園的時候，透過程式中的 bug

（漏洞）給管理員找了不少麻煩，比如偷偷趴在服務生的背上去泳池免費遊玩。有一次，管理員非常生氣，就透過程式修改他的數據，讓南森的手上長了七根手指（見圖 2-8）。在元宇宙中，用戶應該對自己的形象等個人數據擁有絕對的控制力和管理權，不應該存在這樣能隨意修改數據的超級管理員。

圖 2-8 《上傳天地》的主角被管理員隨意增加了兩根手指
（圖片來源：電視劇《上傳天地》，出品商亞馬遜）

還有一次，湖景莊園的伺服器出現了問題，使用者數據大量丟失，受到影響的用戶在湖景莊園中變成了像素極低的「馬賽克人」。數據安全問題對於數位世界來說極為重要，在未來元宇宙的世界中，我們不希望自己搭建的場景、設計的外形、擁有的道具等關鍵數據因為伺服器出錯等問題「付之一炬」。所以，如何讓數據安全有效地儲存，也是邁向未來元宇宙時代的重要挑戰之一。

在關於數據保護的問題中，最關鍵的是要採用去中心化的治理

機制，並運用好基於區塊鏈的智慧合約、分散式儲存等技術。在區塊鏈上，由於分布在世界各地的節點可以共同管理數據資訊，我們既不用擔心有人能夠篡改數據，也能避免某一節點的數據問題影響元宇宙整體的數據安全。

數據確權

　　在湖景莊園的世界中，使用者對自己的數據並沒有足夠的掌控權，每位使用者的私密記憶數據都可以被其他人隨意複製甚至拿去販賣，成為人們配飯的搞笑影片。在元宇宙中，數據權利保護是個極為重要的話題。如果我們未來將工作都遷移到元宇宙，但對由自己產生的數據沒有所有權，也就是這些資訊可以隨意被別人複製並進行買賣，那麼我們在元宇宙中的勞動將會毫無價值，財富創造更是空談。

　　區塊鏈讓我們在元宇宙中可以擁有數據的所有權，也可以在必要的情況下授權對方讀取數據資訊，甚至可以選擇將自己的數據出售給其他人，以獲得收益。如果有人在元宇宙中創作了一件數位藝術品，那麼他可以生成 NFT 來代表這件藝術品的所有權，也可以授權畫廊展出，每個人都可以在畫廊中欣賞這件作品。所有數據流轉、授權、交易的過程都是在區塊鏈上進行的，產權清晰，無法篡改，因此每個人都可以真正成為自己數據的主人。

第三章

未來財富將在元宇宙中創造

元宇宙是第三代互聯網，而每一輪互聯網的升級，都會帶來巨大的創新和財富新機遇，新巨頭往往也會在產業升級的關鍵空窗期誕生。元宇宙的建設和普及將促進數位經濟與實體經濟實現更深層次的融合，並在數位世界中創造新的財富。數位資產具備良好的流動性、獨立性、安全性、可程式設計性和廣闊的應用潛力，有望成為元宇宙中數位財富的關鍵載體，也會連接物理世界資產和數位世界資產，成為賦能萬物的價值機器。目前，互聯網已經來到了新的轉型節點，關鍵空窗期已經悄然開啟。

　　未來十年將是元宇宙發展的黃金十年，也將是數位財富的黃金十年。

數位財富是互聯網時代的新財富型態

　　吐瓦魯（Tuvalu）是位於中太平洋南部的一個小島國，是世界上面積最小的國家之一（見圖 3-1）。由於資源匱乏，幾乎沒有工業，吐瓦魯被聯合國列為「最不發達國家」之一。20 世紀 90 年代，吐瓦魯獲得了一個意料之外的財富。在 ISO 3166 標準中，吐瓦魯的二位字母代碼被指定為 TV，所以在 1995 年，互聯網號碼分配局（IANA）根據該代碼授予吐瓦魯「.tv」的域名。當時，吐瓦魯的民眾並未意識到這意味著什麼。

圖 3-1　吐瓦魯主島福納佛提（圖片來源：iStock）

　　「TV」一詞很容易讓人們聯想到電視節目、影音影片、直播節目等，也易於被人們認知和記憶。「.tv」這個頂層網域名具有了與眾不同的識別度。20 世紀 90 年代，多家網路營運商發現了「.tv」域名的獨特性，便前往吐瓦魯首都福納佛提（Funafuti）談判，希望將其作為電視台或影音網站的互聯網尾碼名。1999 年，一位名叫傑森‧查普尼克（Jason Chapnik）的加拿大商人拿下了「.tv」域名的經營權和使用權。

　　吐瓦魯與查普尼克在美國加利福尼亞合資成立了一家新公司DotTV，吐瓦魯島民擁有該公司 20％股權，並在 12 年合約期內獲得了 5000 萬美元。這筆從天而降的財富讓吐瓦魯有了發展的機會，它用這些錢繳納了聯合國會費，在 2000 年成為聯合國第 189 個成員國，並建設了公路、學校和飛機跑道。

　　2001 年，美國一家營運網路域名的公司威瑞信（VeriSign）收購了 DotTV 公司，並從那時起控制著「.tv」域名的分發。2011 ～ 2021年，威瑞信繼續控制該域名，並承諾每年支付吐瓦魯政府 500 萬美元。儘管威瑞信沒有披露營運「.tv」域名的具體盈利情況，但憑藉著諸如「.com」、「.net」等頂層網域名，威瑞信每年可從域名服務中獲利數億美元。近年來，在直播和影片熱潮興起後，「.tv」域名迎來了它的榮耀時刻。

　　為什麼域名居然可以成為一個小國的收入來源？實際上，一個好的域名並非簡單的網址，而是互聯網流量的重要來源。在互聯網發展的早期，入口網站和搜尋引擎並不完善，用戶往往會透過商標名的

對應域名來訪問對應的公司官網。因此，域名可以被視作企業的網上商標，對企業品牌展示發揮著至關重要的作用。無論是搜尋引擎的索引，還是使用者對企業官網更精準的訪問，域名都發揮著重要作用，優秀的域名具有聚合流量的作用，而流量是互聯網上最關鍵的要素。

正如一處位於好地段的房地產能夠吸引更多的客流，一個簡潔、響亮、好記的優秀域名可以吸引流量、帶來現金流，因此我們可以認為域名具有資產分類中資本資產（Capital Assets）的特點。每個域名都具有唯一性和排他性，好域名存在明確的稀缺性，因此部分特殊域名也具有價值儲存資產（Stock of Value Assets）的屬性。在有些國家，域名甚至可以作為抵押物，藉此獲取貸款。例如，2000 年，韓國工業銀行曾展開域名抵押貸款業務，貸款人透過抵押持有的域名最多可得到 1000 萬韓元的貸款。因此，域名可以成為個人、企業甚至吐瓦魯這類國家的重要無形資產，可以成為一種獨特的數位財富。

2000 年後，多家互聯網公司接連上市，掀起了一輪又一輪的造富狂潮，這些互聯網公司的早期員工也成了百萬富翁甚至千萬富翁。「員工選擇權」這種新的數位財富型態開始出現在公眾面前。

2000 年，李華從湖南大學資訊通信技術專業畢業，他沒有選擇在深圳發展銀行或華為工作，而是加入了當時成立不到兩年的騰訊，成為其第 18 號員工。他也是騰訊對外招聘的第一位大學應屆畢業生。2001 年，騰訊對前 65 號員工進行了第一次選擇權激勵，這是李華第一次接觸到員工選擇權。他一頭霧水，有點猶豫。當時的上司對他說：「你趕快簽個字，不會害你，對你只有好處沒什麼壞處。」儘管那些

選擇權當時的帳面價值只是他幾個月的薪水，但在獲得選擇權後，李華第一次感受到公司的發展與自己緊密關聯。2004 年 6 月，騰訊成為第一家在香港主板上市的內地互聯網企業，發行價為 3.7 港元／股。在之後短短四年時間裡，騰訊股價上漲了近 19 倍。員工選擇權讓不到 30 歲的李華獲得了財富自由。2008 年，李華從騰訊離職，開啟了自己的創業之路。

這是富途控股創始人李華的故事。其實，這僅僅是互聯網財富大潮中的一朵浪花，很多公司都有類似的故事。在 2005 年上市前夕，百度宣布，凡是在當年 1 月以前加入公司的員工，都能以每股 10 美分的價格購買一定數量的原始股。2005 年 6 月，百度成功登陸納斯達克，其發行價為 27 美元／股。首發當日，其股價漲幅最高達 354％。這次 IPO（首次公開募股）造就了 8 位億萬富翁、50 位千萬富翁以及約 250 位百萬富翁。

這些互聯網巨頭的員工選擇權為什麼可以成為新的造富工具？這是互聯網自身疊代升級的結果。在互聯網發展早期，各大網站剛剛起步，各大站長獲得的流量不分伯仲。而隨著互聯網行業的發展，到了 Web 1.0 時代後期，小型平台逐步退出互聯網的主流，取而代之的是聚合類平台。互聯網行業強者恆強、自然壟斷等特性也開始顯現，流量趨於集中，巨頭開始崛起。互聯網由此進入一個相對中心化的階段，巨頭開始占據主要地位，而它們的競爭優勢和商業價值也逐步反映到公司股價上。

1997 ～ 2021 年，亞馬遜股價由 18 美元／股的發行價最高漲至

3719 美元／股,漲幅超 2000 倍;2012 ～ 2021 年,Facebook 股價由
38 美元／股的發行價最高上漲至 375 美元／股,上漲近 10 倍;2004
～ 2021 年,騰訊股價由 3.7 港元／股的發行價最高上漲至 766.5 港元
／股,漲逾 207 倍;2005 ～ 2021 年,百度股價由 27 美元／股的發
行價最高上漲到近 340 美元／股,漲幅為 12 倍左右(見圖 3-2)。

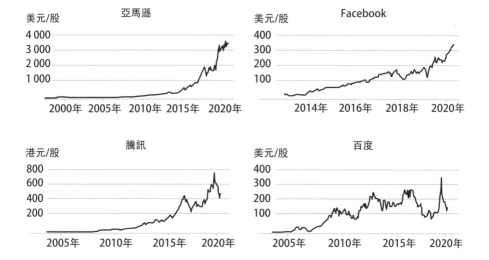

圖 3-2　互聯網巨頭的市值增長(數據來源:Google 財經)

　　為何這些互聯網巨頭的市值能夠增長得如此迅速?員工的貢獻
是非常重要的因素之一。隨著社會和技術的發展,人的貢獻在財富創
造過程中的作用越來越明顯。在工業經濟時代,價值主要由機器創
造,而機器背後是資本,因此公司價值主要歸屬於股東。但是,到了

資訊經濟時代，優秀的軟體或者網站取得成功的關鍵要素是卓越的創意和技術。毫無疑問，機器提供不了創意，創意需要由骨幹員工來貢獻。關鍵生產要素的變化需要符合價值分配方式的變化。如何分配公司價值給這些骨幹員工呢？一種新的方式就是分配員工選擇權。這些大的互聯網公司奉行的並非「股東至上主義」，而是將公司的利潤和長期價值透過選擇權分配給骨幹員工，從而讓他們更積極地貢獻自己的力量。

員工選擇權的實質就是，把一部分原來歸屬於股東的互聯網平台價值分配給那些有傑出貢獻的員工和高管。他們分享的不是當期的利潤，而是長期的價值。因此，互聯網從業者形成了一種以資產為核心的財富觀，不再將薪資和獎金作為主要收益，而是將自身貢獻與公司長期價值掛鉤。員工選擇權正是公司長期價值的載體，因此成為互聯網時代新的數位財富型態。

總的來說，互聯網業態發展帶來了數位財富型態的升級。在 Web 1.0 ～ 2.0 時代，財富型態已發生了巨大的改變，域名、員工選擇權這些在早期被人看不見、看不起、看不懂的資產，逐步變成備受矚目的數位財富，為很多參與者帶來了巨大的回報。當然，我們要記住，財富來自貢獻。無論是域名的持有人還是員工選擇權的獲得者，大多是互聯網早期的建設者，他們用新的技術和創意幫助互聯網升級，因此才能獲得相應的數位財富。

區塊鏈技術讓數位財富進一步升級

　　出生於 1994 年的維塔利克・布特林（Vitalik Buterin）受父親影響，從 2011 年開始研究比特幣，和朋友聯合創辦了全球最早的數位資產雜誌《比特幣雜誌》（Bitcoin Magazine），並擔任首席撰稿人。2013 年，維塔利克進入加拿大滑鐵盧大學學習，但是入學僅 8 個月，他就申請了休學，一邊遊歷世界，一邊替雜誌撰寫稿件賺取稿費。他逐漸意識到，比特幣底層的技術（區塊鏈）具有很重要的應用價值和發展空間，如果能引入圖靈完備的程式設計語言，區塊鏈系統就可以從「世界帳本」升級成「世界電腦」。

　　維塔利克決心利用區塊鏈打造一個全新的平台，並將其命名為以太坊（Ethereum）。2013 年 12 月 9 日，他發布了初版的以太坊白皮書——《下一代智慧合約和去中心化應用平台》（A Next-Generation Smart Contract and Decentralized Application Platform），並在全球招募開發者共同開發這個平台。2014 年 1 月，維塔利克向世界展示了以太坊，並擊敗了馬克・祖克柏，獲得了 2014 年 IT（資訊技術）軟體類世界技術獎。2015 年，以太坊區塊鏈系統正式誕生。

　　「分久必合，合久必分」是社會發展的必然規律。在過去的幾十年裡，互聯網獲得了極大的成功。但隨著互聯網平台的完善和發展，人們開始意識到，互聯網正在從「開放花園」走向「封閉花園」，從開放創新走向平台壟斷。這帶來了一系列弊病，讓互聯網出現了潛

在危機。如何讓互聯網重新煥發新的生機，就成了重要議題。

以太坊的出現讓很多人眼前一亮，無論是它描繪出的「價值互聯網」藍圖，還是去中心化的「世界電腦」願景，都讓人興奮不已（見圖 3-3）。

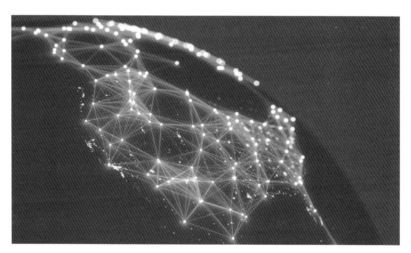

圖 3-3　區塊鏈技術讓互聯網重回去中心化（圖片來源：iStock）

隨著互聯網的發展，人們發現超級平台過度中心化存在嚴重弊端。使用者在使用這些平台的服務時，需要將自己的數據和資產託管到這些平台，客觀上面臨著很大的風險。2018年，Facebook 爆出醜聞，英國諮詢公司劍橋分析（Cambridge Analytica）在未經使用者同意的情況下，透過 Facebook 獲取了數百萬使用者的個人數據，這些數據被用於政治廣告，甚至影響了 2016 年的美國大選結果，這就是「劍橋分析事件」，讓人們看清了個人數據被中心化機構濫用的惡果。

　　基於區塊鏈技術的系統有一項關鍵特徵，即數據並不託管在單一機構控制的伺服器上，而是由用戶自己掌管，這就是所謂的「去中心化」（Decentralization）。系統中也沒有類似「管理員」的角色。整套系統建立在分散式的體系之上，由遍布全球的眾多節點伺服器共同提供服務，任何參與方都無法控制整個系統。這樣可以防止數據被篡改，極大地保障了使用者的數據安全性。

　　以太坊是一個開源且有智慧合約功能的公共區塊鏈平台。透過以太坊虛擬機器（Etheruem Virtual Machine，縮寫為 EVM）我們可以運行各種去中心化應用程式（Decentralized Application，縮寫為 DApp）。2015 年至今，越來越多的開發者在以太坊上開發智慧合約程式或創建數位資產，以太坊逐步成為區塊鏈領域規模最大、最為重要的基礎設施。

　　以太坊這個去中心化的世界電腦之所以能成功，其精巧的經濟模型設計功不可沒。以太坊包含了一種原生代幣，即「以太幣」（ETH）。代幣表示基於區塊鏈的價值載體，也被稱為加密貨幣（Cryptocurrency）、加密資產（Crypto-assets）或數位資產（Digital Assets）。任何人想要使用以太坊運行智慧合約，就必須使用一定數量的以太幣，給節點作為手續費，也就是所謂的燃料費（Gas），而那些分布在世界各地的節點（也被稱為「礦工」）可以透過提供算力共同支援以太坊運行。同時，以太坊區塊鏈系統也會獎勵一些以太幣

給節點。[5] 以太幣是以太坊區塊鏈系統中內生的要素，可以使這樣一個由多方共同營運的分散式系統順暢運行。

以太坊發展至今，形成了一個由原生的以太幣、同質化代幣（採用 ERC20 標準）和非同質化代幣（採用 ERC721 與 ERC1155 等標準）等諸多數位資產組成的生態。新興應用場景的不斷湧現也為以太坊的進一步發展提供了更多空間，二者相輔相成。我們看到，以太坊區塊鏈既是新物種，也是孕育新物種的母體。在此基礎上，新興的數位財富正在孕育。

我們應該如何理解這些以區塊鏈為基礎的新興數位財富呢？我們首先來看資產的屬性分類。1997 年，大和證券副主席羅伯特・格里爾（Robert J. Greer）在論文《究竟什麼是資產類別？》（What is an Asset Class, Anyway?）中將所有資產分為三個超級類別，分別是資本資產、可消耗／可轉換資產和價值儲存資產。

資本資產指的是未來可以生成現金流的資產。資本資產可以透過預期現金流進行貼現計算得到淨現值，以作為合理估值。股票、債券和房地產等都可以歸屬到這個類別。

可消耗／可轉換資產是指那些可以消耗或者轉換為其他型態的資產。大宗商品，包括石油、小麥、礦產等，都屬於這一類資產。這類資產具有現實的使用價值，但不會持續產生現金流，因此不能透過

5　這裡描述的運行機制為以太坊 2.0 升級前的機制。以太坊 1.0 採用工作量證明（PoW）作為共識機制，該機制依靠物理電腦（礦機）產生的算力來驗證交易並創建新的區塊。以太坊 2.0 則採取權益證明（PoS）作為共識機制，依靠抵押了以太幣的驗證者來創建新區塊。

計算淨現值的方法進行估值，需要透過分析特定市場的供需關係來判斷價值。例如，石油的需求和供給預期變化都會影響其價格走勢。

　　價值儲存資產不能被消費，也不能產生收入，但依舊具備價值，因為這類資產能儲存價值，且價值可以跨越時間和空間持續存在。這類資產的特點是，具有較強的稀缺性，很難生產或複製。因而，很多人對這類資產形成了一種「觀念上的需求」，即「共識」。這種主觀的需求經過長期文化累積形成，往往更加牢固、持久。因此，這類資產經常被視作「避險資產」，用於規避不確定性事件，或者為資產組合提供多元化配置。貴金屬（黃金、鉑金等）、藝術收藏品和比特幣（BTC）等資產都屬於這個類別。

　　對於價值儲存資產，我們可以透過庫存流量比（Stock to Flow，縮寫為 S2F）指標進行估值。有分析師曾透過庫存流量比模型討論貴金屬稀缺性和價值的關係，如表 3-1 所示。在黃金、白銀、鈀金以及鉑金四種金屬相關數據中，黃金有著最高的庫存流量比（62.0，表示需要 62 年的生產才能夠達到目前的庫存量）以及最低的供給增長率（1.6％）。因此，黃金總市值為四者最高。這說明對於價值儲存資產而言，稀缺性和價值有較強的相關性。

　　值得注意的是，一項具體資產可以擁有多重屬性。例如，黃金的主要屬性是價值儲存資產，但黃金在工業中也有應用，很多半導體器件的製造需要黃金作為原料，因此黃金也具備可消耗／可轉換資產的特性。房地產用於出租時可以獲得現金流收入，因此具備資本資產的特性；同時，其增長受制於土地供給的約束，具有稀缺性，因而也

具有價值儲存的資產屬性。一般來說，大多數資產只會具備一種或兩
種屬性。

表 3-1 黃金、白銀、鈀金和鉑金的庫存流量比指標

	存量 （噸）	增量 （噸）	存量 增量比	供應量 增長率 （％）	價格 （美元／ 盎司）	市值 （萬美元）
黃金	185000	3000	62	1.6	1300	841750000
白銀	550000	25000	22	4.5	16	30800000
鈀金	244	215	1.1	88.1	1400	1195600
鉑金	86	229	0.4	266.7	800	240000

數據來源：PlanB. Modeling Bitcoin Value with Scarcity.

　　但是，一些基於區塊鏈的數位資產可能同時具備上述三類資產
的屬性，形成同時橫跨三種資產類別的「超級資產」，以太幣是代表
性案例（見圖 3-4）。

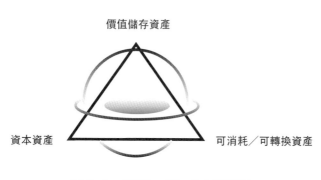

圖 3-4　「三位一體」的超級資產

　　前文介紹過，以太幣的一項重要功能是作為以太坊區塊鏈系統使用手續費的支付媒介，即承擔類似貨幣的交易媒介功能。在 2021 年 8 月 5 日，以太坊完成了 EIP-1559 升級，優化了手續費的收費方式，將交易手續費拆分為「基本費用」（Base Fee）和「優先費用」（Priority Fee）。其中，基礎費用會根據區塊鏈網路當前的使用率動態調節，直接被系統銷毀（也稱「燃燒」）；優先費用則由用戶自行選擇支付，通過支付該項費用可使其交易被更快速執行，相當於支付給節點礦工的小費。在升級後僅半年的時間，以太坊區塊鏈就已銷毀 95.9 萬枚以太幣。

　　未來，以太坊還將進行一次大升級進入 2.0 階段，屆時共識機制將由工作量證明轉變為權益證明，以太幣的持有者可以選擇質押一定數量的以太幣，享受到來自系統的分紅，具體的回報率會隨整個系統質押量而變化，年化收益率預計在 2% 到 20% 之間。

　　因此，我們認為以太幣同時具有三類資產屬性。首先，以太幣具有可消耗／可轉換資產的特性。經過了 2021 年 8 月升級後，大量以太幣作為手續費中基本費用支付並被「燃燒」掉了，這就使得它像石油和天然氣一般，具備了可消耗／可轉換資產的特性。使用需求成為一項關鍵因素，使用需求越大，流通量越低，進而影響整個系統的價值。

　　其次，以太幣具有資本類資產屬性，當以太坊升級到 2.0 階段後，持有者可以將以太幣進行質押，持續獲得一些數位資產獎勵。這可以理解為，持有即可帶來某種形式的「現金流」。

再次，以太幣具有價值儲存資產的維度。截至 2021 年 10 月底，已有超過 800 萬枚以太幣質押於以太坊 2.0 信標鏈質押合約位址中，占當前以太幣供應量的 6.83%。在完成 2.0 升級並完全引入權益證明共識機制後，以太幣的年度供給量增長率（類似於「通脹率」）可能會從 4% 逐步下降，甚至可能變成負數，也就是出現通縮 。此外，很多 DeFi 平台支持以太幣作為抵押物鎖定在智慧合約中，以貸出其他數位資產或作為「準備金」發行新的數位資產，這說明以太幣具有資產派生功能。在 NFT 交易等場景中，以太幣是主要的交易媒介，並可以通過跨鏈橋實現在多條區塊鏈上流通，因此其具備「一般等價物」屬性。這些特點都與黃金在世界經濟中的地位類似，因此以太幣具備價值儲存資產的屬性。

綜上，我們有理由認為：以以太幣為代表的一些數位資產很可能同時具備了可消耗／可轉換資產、資本類資產和價值儲存資產的三重屬性，是一種三位一體的「超級資產」。這就意味著，在元宇宙時代，我們又將迎來新一輪的數位財富大升級。

科技巨頭與華爾街擁抱數位資產

2020 年之前，提起伊隆‧馬斯克（Elon Musk），我們第一時間想起的會是特斯拉和 SpaceX（太空探索技術公司），他從電動汽車、

商業火箭發射、衛星互聯網到火星移民的一系列探索，實現了許多人關於科技的夢想。但從 2020 年年底開始，大量關於馬斯克的熱門新聞是與比特幣和狗狗幣（Dogecoin，又多吉幣）等數位資產有關的。

與此同時，華爾街的金融精英的想法也發生了快速的轉變。例如，橋水基金創始人瑞‧達利歐（Ray Dalio）就改變了對數位資產的看法，他認為比特幣等數位資產在過去十年中已經確立了作為黃金類資產替代品的地位，並且可以作為分散化儲備的工具。

這些變化預示著，隨著數位資產的優勢被全球越來越多人認可，這類資產正在快速主流化，成為「新主流資產」。以數位資產為代表的新一代數位財富正在全球範圍內快速發展。很多傳統金融巨頭，如芝加哥選擇權交易所（CBOE）、芝加哥商品交易所（CME）和新加坡星展銀行（DBS Bank）等，都啟動了數位資產現貨或期貨交易業務。2021 年，數位資產交易平台 Coinbase 在納斯達克成功上市，更在全球掀起了一波「數位資產風暴」。

2012 年，曾在 Airbnb 擔任工程師的布萊恩‧阿姆斯壯（Brian Armstrong）創立了 Coinbase。在僅僅九年的時間裡，這家公司就成為美國最大、最具影響力的數位資產交易平台，並在 2021 年成功登陸納斯達克，當日收盤價為 328 美元／股，收盤總市值達 653 億美元。Coinbase 財報顯示，該公司經身分驗證的用戶在 2018 年第一季度末僅為 2300 萬人，而在 2021 年第三季度，其用戶量已爆發增長至 7300 萬人。此外，2019 年以後，越來越多的投資機構使用者透過 Coinbase 擁抱數位資產，並成為其增長的主力。僅 2020 年，投資機

構用戶就從大約 4200 家增加到 7000 家，同比增長了 67% 左右。到 2021 年第二季度，該平台上的投資機構用戶數量已超過 9000 家。

　　Coinbase 並不是一開始就很成功，在早期甚至不太受市場歡迎。2017 年，該公司首次實現盈利，2019 年又淨虧損 3000 萬美元。正如布萊恩・阿姆斯壯自己說過的：「偉大的事物都是從卑微的起點開始的。你身邊看到的大多數東西一開始不過是一個簡單的想法和一個粗糙的原型，要讓它『一夜成功』，需要 5 ～ 10 年的時間，一路上要經歷幾十次挫折和路線修正。」這家公司一直堅持自己的發展路線，等到了來自傳統大型機構大規模入場，終被市場認可。Coinbase 迎來了爆發，在 2020 年實現淨收入 3.22 億美元，在 2021 年第二季度淨收入達到約 16.1 億美元，第三季度淨收入 12.3 億美元。

　　Coinbase 在安全、合規營運方面堪稱業內典範。該公司獲得了非常多數位資產營運合規牌照，對平台內資產的選擇也較為嚴格，制定了一系列標準。其標準包括數位資產與公司核心價值的一致程度、網路技術評估、法律和合規標準、市場供需要求與代幣經濟模型等。Coinbase 的成功上市代表著合規、風控等標準已經被主流機構認可，並且真正步入了主流市場，堪稱數位資產產業發展的一個里程碑。

　　那麼，數位資產的未來趨勢會怎樣呢？跨越鴻溝模型可以給出一些解答。1990 年，傑佛瑞・摩爾（Geoffrey A. Moore）出版了開創性著作《跨越鴻溝》（Crossing the Chasm），討論高科技創新應用從早期向主流的轉變。傑佛瑞・摩爾在書中提出了「跨越鴻溝」理論，認為在每一個產品範疇當中，創新者（Innovators）是率先採用新產

品的一群人，其次是早期採用者（Early Adopters），再分別是早期大眾（Early Majority）、後期大眾（Late Majority）以及落後者（Laggard）。一項新技術產品在早期採用者與早期大眾之間存在巨大的「鴻溝」，而能否順利跨越鴻溝進入主流市場，將決定這個新產品的成敗。

目前，數位資產正處於跨越鴻溝的關鍵階段。2008 ～ 2015 年，只有技術狂熱者（也就是模型中的創新者）感興趣。然而，到了2016 年，數位資產開始從創新者階段向早期採用者階段過渡，越來越多的人開始看到其潛力。早期採用者在新技術擴散中的作用非常重要，他們思想相對開放，對新技術的認可接受度高，並推動著向早期大眾階段擴散。

隨著數位資產生態的不斷繁榮，其用戶量在 2020 年開始出現指數級的爆發。到 2021 年，比特幣這個最具代表性的數位資產可能已經擁有約 1.35 億用戶（相當於 1997 年的互聯網用戶數量，但增長速度遠高於當時的互聯網）。這意味著，在全球範圍內，數位資產可能已經邁過初期的創新者階段，開始向早期採用者階段前進，這個發展速度比以往的互聯網應用要迅速得多。例如，電子郵件發明於 1972年，直到 1997 年才被超過 1000 萬人真正應用；而數位資產在 2008年只是一個概念，僅在十餘年的時間裡就獲得了超過 1 億用戶。

根據分析師威利・胡（Willy Woo）搭建的預測模型：到2025 年，以比特幣為代表的數位資產的使用者數量可能會達到 10 億人（相當於 2005 年的互聯網用戶數量），互聯網滲透率將超過 20%，這將使得數位資產有望正式跨越鴻溝，進入早期大眾階段（見圖 3-5）。主

流市場的認可和生態完善可能會推動其實現規模擴張。

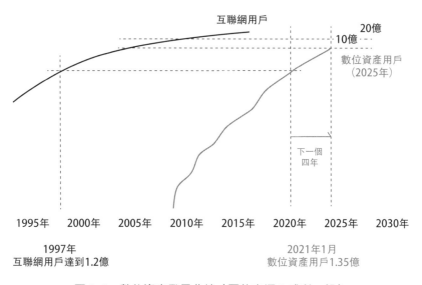

圖 3-5 數位資產發展曲線（圖片來源：威利・胡）

在元宇宙時代，經濟規則和商業邏輯不僅會發生根本性的變化，財富型態也會實現升級。

元宇宙引爆數位財富的黃金十年

哈佛商學院教授克雷頓・克里斯汀生（Clayton M. Christensen）在《創新的兩難》（The Innovator's Dilemma）中提出，需要最終使

用者改變行為的創新才是顛覆市場的創新，這種創新能夠帶來巨大的商業價值，被稱為「非連續性創新」或「破壞性創新」。管理學者查爾斯‧韓第（Charles Handy）則提出了更直觀易懂的「第二曲線」理論。他認為，對於任何一個趨勢、技術、公司、產品，其發展往往都遵循 S 曲線的規律。簡單來說，就是一個趨勢剛剛出現時，在初始階段常不被人看好，發展速度也看似遲緩，但實際上處於最具潛力的「探索期」。而隨著技術的發展和用戶量的增加，這一趨勢將呈現出類似於拋物線的爆發型增長，進入「成長期」。但是，到頂峰時，這一趨勢的增長速度會大幅下降，進入「成熟期」，隨後還將進一步進入「衰退期」。

查爾斯‧韓第認為，沿著某一條 S 曲線的路徑進行創新改進被稱為「連續性創新」，它在一條曲線內部進行漸進性的改良和發展，這條發展曲線也被稱為「第一曲線」。在達到第一曲線的極限點後，市場會出現新的發展方向，並開啟增長的第二曲線。創新技術醞釀的階段就是極為短暫但機遇無窮的空窗期。市場從第一曲線向第二曲線轉型會遇到很多困難，但是只有這樣才能迎來真正巨大的發展空間，這樣的創新過程被稱為「非連續性創新」。

互聯網的發展過程也同樣遵循 S 曲線的規律（見圖 3-6）。1994年，中國接入國際互聯網。2000 年前後，互聯網開始爆發。現在已經出現了從 PC 互聯網 Web 1.0 到行動互聯網 Web 2.0 的兩次時代浪潮，也就是出現了兩條 S 曲線。2000 ～ 2010 年，人們使用互聯網的方式以 PC 為主，資訊高速公路快速建設並逐步暢通，這是第一曲線。

隨著智慧手機普及，互聯網開始向行動互聯網過渡。到了 2012 年，中國透過智慧手機上網的比例達到了 74.5％，超過了桌上型電腦的 70.6％，正式宣告行動互聯網時代來臨。在隨後的十年中，互聯網已經透過移動終端滲透到生活的方方面面，行動互聯網的發展同樣遵循 S 曲線的規律，這可以被認為是第二曲線。

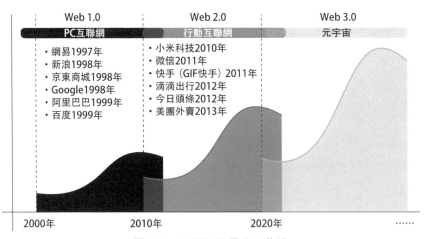

圖 3-6　互聯網發展的 S 曲線

2007 年 1 月 9 日上午，在美國舊金山舉行的 Macworld 大會上，史蒂夫‧賈伯斯（Steve Jobs）身著他經典的黑色高領毛衣向世界宣布「今天，蘋果將要重新發明手機」。當時，很多人對初代蘋果手機的出現不以為然，認為這只是能打電話的 iPod。我們現在都知道，蘋果手機並不僅僅是瀏覽網頁、打電話、聽音樂的「三合一」設備，而是行動互聯網革命的開端。事實上，2010 年，全球各國互聯網使用比

例平均已達到 34.8％。美國的互聯網滲透率達到 79％，中國的互聯網滲透率達到 34％，因而依靠電腦帶來的用戶增長已經開始放緩，PC 互聯網已經進入了「成熟期」，轉型成為必然趨勢。

那時，只有極少數極為敏銳的公司意識到互聯網即將進入第二曲線。知名創投機構紅杉中國算是其中一個。紅杉資本在 2005 年進入中國，成立了紅杉資本中國基金（簡稱紅杉中國）。2009 年春天，在北京郊區一家名為「長城腳下的公社」的酒店，紅杉中國召開了主題為「Mobile Only」的互聯網被投企業年會。紅杉中國創始人沈南鵬在會後接受採訪時表示：「如果 CEO 沒有意識到必須站在全新角度想產品的話，那麼這將是非常危險的。『Mobile Only』這個主題我不知道怎麼翻譯合適，我們就是想給大家一個警醒，新的行動互聯網時代要到來了。」2009 年之後，紅杉中國的投資方向開始全面向行動互聯網領域傾斜，從衣、食、住、行四個領域全面擁抱行動互聯網。紅杉中國投資了唯品會、美團、餓了麼、滴滴出行等一批行動互聯網核心領域中的公司。

美團（在 2010 年獲得了紅杉中國 1000 萬美元 A 輪融資）也將這個思路發揮到了極致。2008 年，團購鼻祖 Groupon 成立，中國國內的創業者在 2010 年紛紛入局。2011 年，幾乎所有流量網站都加入了團購相關領域，團購網站超過 5000 家。同年，Groupon 上市前累計融資達到了 11.6 億美元，IPO 估值達到了 100 億美元。但一年之後，行業風口停擺，大量的團購網站紛紛倒閉，Groupon 的股價也出現了大幅跳水。2012 年，美團的 CEO 王興做了一個重要的決定，就

是 All-in（全面投入）行動互聯網，將所有 PC 端的資源全部導入行動端。王興在 2013 年「第十二屆中國企業領袖年會」上表示：

> 我們到用戶所在的地方，他們轉向手機，我們也轉向手機……
> 雖然已經預見互聯網衝擊會非常迅猛，但當衝擊真正到來時，它還是
> 比想像中要猛烈得多的……改革的過程當中，談不上走彎路，大的方
> 向非常明白，就看你能不能跑得足夠快。

事實證明，這個決定是非常正確且及時的。兩年後，美團 90%的團購訂單都轉移到了手機上，幾乎所有其他從千團大戰中活下來的團購網站則倒在了行動互聯網的門前。只有看到空窗期並成功轉型的美團，才真正成為行動互聯網時代的頂尖公司。2014 年 5 月，美團完成不到 3 億美元的 C 輪融資，估值為 20 億～ 30 億美元。而到 2021 年 8 月，美團股價達到 460 港元／股最高點，其市值為 2.7 兆港元，約為 3400 億美元。

2009 ～ 2019 年，在美國股票市場，互聯網板塊占科技股的市值的比例從 25%提升至 36%。蘋果公司的市值從 2009 年的 1990 億美元漲至 2019 年的 1.29 兆美元；微軟則從 2686 億美元上漲至 1.2 兆美元。到了 2021 年 7 月，僅美國科技互聯網五大巨頭 Facebook、Google、微軟、亞馬遜、蘋果公司在標普 500 指數公司市值中的占比就達到了 22%。[6] 這些都是在行動互聯網時代轉型成功的科技巨頭，它們在 Web 2.0 的黃金十年中造就傳奇，並創造出巨大的財富。但也

---

6 中信證券 . 2020 全球互聯網行業回顧與展望 [R/OL]. 2020-7-16 [2021-09-01].
https://tech.sina.com.cn/roll/2020-07-16/doc-iivhvpwx5613885.shtml.

有些轉型不力的公司，例如 Web 1.0 時代的巨頭英特爾，未能在行動互聯網設備晶片領域取得領先優勢，其市值在 2009 年為 1127 億美元，十年後，其市值僅僅上漲到 2567 億美元。

中國的情況也非常類似，無論是傳統巨頭阿里巴巴、騰訊、百度和京東，還是近幾年崛起的今日頭條、拼多多、美團等企業，無一不是看到了 Web 1.0 第一曲線的極限。它們在第二曲線躍遷的短暫空窗期勇於轉型，成為 Web 2.0 行動互聯網時代的贏家。

從宏觀層面來看，在行動互聯網的黃金十年中，各國的數位經濟都處於發展的快車道，互聯網產業創造了巨額財富。2010 年，美國互聯網經濟占 GDP 比重為 3.8%，中國的該比重為 3.3%。[7] 2019 年，美國數位經濟規模達到 13.1 兆美元，占 GDP 比重為 61%；中國數位經濟規模達到 5.2 兆美元，占 GDP 比重達 36.2%。[8] 2020 年，美國數位經濟繼續蟬聯世界第一，規模接近 13.6 兆美元；中國位居世界第二，規模逼近 5.4 兆美元。從占比來看，德國、英國、美國的數位經濟在國民經濟中占據主導地位，其占 GDP 的比重都超過了 60%。[9]

產業創新升級就是從一個 S 曲線轉型到另一個 S 曲線的過程。

---

7 麥肯錫全球研究院. 中國的數位化轉型：互聯網對生產力與增長的影響 [R/OL]. 2014-07-01 [2021-09-01]．https://www.mckinsey.com.cn/wp-content/uploads/2014/08/CN-MGI-China-ES.pdf

8 中國資訊通信研究院. 全球數字經濟新圖景（2020 年）[R/OL]. 2020-10-01[2021-09-01]. http://www.caict.ac.cn/kxyj/qwfb/bps/202010/P02020101-4373499777701.pdf.

9 中國資訊通信研究院. 全球數字經濟白皮書 —— 疫情衝擊下的復蘇新曙光 [R/OL]. 2021-08-02[2021-09-01].https://mp.weixin.qq.com/s/G3Mi8GINOVRygGEfGsAiHw

目前行動互聯網已廣泛普及。2021 年 6 月，中國的網路用戶規模已達到 10.11 億，較 2020 年 12 月僅增長 2175 萬；互聯網普及率已高達 71.6％，較上年年底僅提升 1.2％；手機的網路用戶規模達 10.07 億，較上年 12 月僅增長 2092 萬；網路用戶使用手機上網的比例為 99.6％，與 2020 年 12 月基本持平。[10] 很顯然，行動互聯網已進入「成熟期」，逐漸進入高度競爭時代。是時候向下一條第二曲線轉型了。

伴隨著 5G、人工智慧、雲端運算、大數據、物聯網、工業互聯網、VR、AR、區塊鏈等關鍵技術越發成熟，第三代互聯網（元宇宙）已經呼之欲出，互聯網的發展又一次來到了新的轉型節點，關鍵空窗期已經悄然開啟。

2022 年 1 月，美國貨幣監理署前代理署長、Bitfury Group 執行長布萊恩·布魯克斯（Brian P. Brooks）在美國國會聽證會上表示，Web3.0 是「可讀」、「可寫」且「可擁有」的互聯網。Web1.0 時代互聯網內容僅僅是「可讀」的，資訊獲取是使用者的主要活動，大部分使用者創作的內容無法得到大規模傳播；Web2.0 時代，互聯網的邏輯變成「可讀＋可寫」，使用者不僅能接收內容，還能深度參與內容的創作與傳播，催生了社群網路、網路直播、短影音、微網誌等新業態。但使用者創造內容的價值卻被 Facebook、Google 等少數互聯網巨頭公司商業化並據為己有。

Web3.0 的關鍵特徵是使用者可以真正擁有數據、內容、平台甚

---

10 中國互聯網路資訊中心. 第 48 次中國互聯網路發展狀況統計報告 [R/OL]. 2021-08-27 [2021-09]. https://tech.sina.com.cn/zt_d/nnic48/

至網路本身，因此互聯網演化出「可擁有」的屬性。作為 Web3.0 的用戶，我們不僅可以接收、創造和傳播內容，更重要的是，這個過程產生的數據會被創造者所擁有。當數據真正被確權，形成區塊鏈上數位資產，就能真正實現產權清晰、不可複製並具備高流動性。

此外，我們還可以共同擁有整個互聯網發展帶來的長期收益。在 Web3.0 時代，將湧現出大量新型組織 DAO（分散式自治組織），任何個體都可以根據自身貢獻獲得網路平台的價值份額，使得人人都有機會基於自身貢獻獲得對應的數位財富，參與分配 Web3.0 元宇宙發展產生的收益和價值，實現真正意義上「創意者經濟」。

每一輪互聯網的升級，都會帶來巨大的創新創業和財富升級新機遇，新巨頭往往也是在產業升級的關鍵空窗期誕生的。元宇宙的建設和普及將促進數位經濟與實體經濟深度融合，並實現財富型態的再次升級。隨著元宇宙時代的來臨，全球經濟中數位經濟的占比將持續提升。到 2030 年，全球數位經濟占 GDP 的比重有望達到 80%。我相信，到 Web 3.0 元宇宙時代，中國有望繼續保持並提升在互聯網領域的創新特色。Decentraland 的黃金地段有一個「龍城」，展示了不少中國文化藝術品（見圖 3-7）。

而數位財富的本質是數位經濟發展的結果，因此我們可以大膽地預測：未來 80% 的數位財富將在元宇宙中創造。未來十年將是元宇宙發展的黃金十年，也將是數位財富的黃金十年。關鍵機會來自第三代互聯網，數位財富升級也將是未來十年最強勁的風口。

圖 3-7　作者于佳寧在元宇宙中參觀「龍城」
（圖片來源：Decentraland）

第四章

趨勢 1：
數位經濟與實體經濟深度融合

——元宇宙中產業全面升級，數位資產與實體資產孿生

各國經濟的興衰史一再證明，實體經濟是國家強盛之本。每一次技術革命帶來的不僅是生活方式的變化，更是產業升級的大機遇。發展元宇宙絕不是「脫實向虛」，而是實現數位經濟與實體經濟深度融合，從而切實賦能實體經濟全面升級，讓各行各業都能找到「第二曲線」新發展空間。**元宇宙最關鍵的應用場景是產業場景。**在元宇宙中，身處世界各地的人可以高效溝通與協作，全面聯網的智慧設備將有效聯動，產業鏈協作將變得更加透明和高效。

元宇宙時代的產業大變革

我們繼續展望英雄在元宇宙中的一天。英雄公司的海外工廠交付了一批新產品，這些產品透過機器自動分揀，分配給了自動駕駛的運輸車隊。2030 年，5G 和物聯網技術已經高度成熟，所有的車輛也都實現了無人駕駛。

這次貨物運輸一共由十輛無人駕駛卡車共同參與完成，這些卡車在高速公路上行駛時，會基於車聯網技術與路面上其他卡車互相通訊。路上的卡車會自發地排成一個緊密的車隊（無人駕駛汽車不需要保持太大的車距），這個車隊如同一列超長的火車。而且，不斷有其他卡車加入其中，形成幾十輛卡車列隊前行的景象，頗為壯觀。這種運行模式被稱為 Platooning，即「自動化列隊行駛」（見圖 4-1）。這些卡車為什麼要這樣行駛？因為排在第一輛的卡車可以為後面的車「破風」，讓車隊中的卡車降低耗能，進而降低成本和碳排放。

具體來說，在車隊高速行駛的過程中，第一輛卡車實際上承擔了「破風手」的角色，可以將前方的空氣「推開」，從而在其車輛尾部形成一個低壓區（又被稱為「真空帶」），讓後面的車輛借助牽引氣流行駛。這種效應會逐輛傳遞，使得排在車隊中的卡車承受的風阻都降下來，從而降低整體耗能。

這種行進方式雖然在技術上可以實現，但在經濟邏輯上存在問題：雖然第一輛卡車可以為其他車破風，但是它自身的耗能和成本都

不會下降，這相當於雖然讓後面的卡車「搭便車」，自己卻得不到任何收益。這個問題如果得不到解決，就沒有卡車會願意排在第一的位置，每輛卡車都會想跟在後面搭便車。無人駕駛人工智慧目標函數中必然包含收益最大化、成本最小化，人工智慧又沒有道德判斷和「大局觀」，我們不能指望機器像人類一樣「捨己為人」。因此，如果沒有辦法從根本上解決這個問題，無人駕駛卡車就不可能實現列隊前進，也就無法實現能源和碳排放的節約。

圖 4-1　卡車在高速公路上以自動化列隊行駛的方式運行
（圖片來源：iStock）

那麼，我們能否在不改變無人駕駛人工智慧目標函數的情況下，透過某種經濟手段來解決這個問題呢？答案是肯定的，那就是讓機器之間互相交易，讓車隊中的每輛卡車都支付一點費用給前車，這樣無

論誰排在第一位都不會覺得有損失。這相當於將總體節約的成本用公平的方式實現再分配，從而找到了經濟上的最優解。只要能實現這一點，卡車就能夠分工與協作。為了達到這樣的目標，這些卡車不僅需要即時通訊，還需要隨時交易。

卡車之間的交易又如何實現呢？顯然，卡車無法開設銀行帳戶（即使技術上可行，也會面臨很多法律難題），也不可能使用Paypal、支付寶等第三方支付服務。卡車之間需要採用一種完全數位化、可程式化的媒介和方式進行交易。而最與之相符的技術就是區塊鏈和智慧合約。每輛卡車只需要在加入車隊之前，在指定的智慧合約中鎖定一點數位資產，然後將自己加入這個臨時車隊後產生的實際耗能等數據都記錄到區塊鏈上，就可以讓智慧合約計算應付金額並即時結算。這樣一來，任何卡車想要參與到這個車隊中，只需向前車支付少量費用，就都能享受到前車「破風」帶來的實惠。

因此，如果這些無人駕駛卡車能夠基於區塊鏈實現機器之間的交易，整個車隊的成本和碳排放就可以系統性降低，整個交易過程就可以在區塊鏈上基於智慧合約實現，從而確保公開、公正、公平。這樣的車隊開在高速公路上，會吸引更多的無人駕駛卡車加入，進而完全改變高速公路運輸模式。

總結整個機制：區塊鏈、人工智慧、物聯網等數位技術實現了物與物的協作與交易，物物交易實現了利益的公平分配，公平分配帶來了整體效率的提升，效率提升又會加速建構更大規模的協作體系。因此，我們可以看到，在元宇宙時代，區塊鏈等數位技術確實可以為

交通運輸行業帶來真正意義上的全新模式和價值增量。這是一個數位經濟與實體經濟深度融合的典型實例，在一定程度上揭示了元宇宙時代產業變革的方向。

這樣的場景並不是我們的想像，也並不需要在很遙遠的未來才能實現，現實世界中已經有相關研究和嘗試。德國博世公司（BOSCH）與區塊鏈項目 IOTA 合作，嘗試透過物聯網與分散式帳本（Distributed Ledger）來實現可以進行調度和管理的卡車自動化列隊行駛模式。

在元宇宙時代，「萬物互聯」將逐步走向「萬物互信」，再到「萬物交易」和「萬物協作」。在這個過程中，交易不僅在人與人之間發生，人與機器、機器與機器之間的交易也會頻繁發生，到那個時候，產業必須整體升級，每個環節都必須實現完的數位化。比如，每個智慧硬體需要有自己的數位身分，交易機制必須完全實現自動化，交易媒介必須是可程式化的，支付方式應該是即時清算的。數位化技術為產業帶來的變化絕非簡單的技術升級，而是底層商業模式和產業鏈條的革新。元宇宙時代會有與現在完全不同的產業光景和商業型態，數位經濟與實體經濟將深度融合。

除了區塊鏈技術之外，AR 技術也是推動產業變革的關鍵性技術。該技術可以將數位資訊疊加在物理對象之上，實現數位世界與物理世界的融合（見圖 4-2）。與之相關的技術應用開始幫助很多產業優化設計、測試、製造等關鍵流程，因而帶來了巨大的價值。以飛機製造業為例，飛機上的「短艙」（Nacelle）是推進系統最重要的核心

部件，包裹著發動機和燃油系統。而相對於航空發動機熱端部件，短艙屬於「低溫部件」，包括一套極為複雜的集成系統，其建設成本約占發動機成本的 25％。在以往的短艙製造測試過程中，人們經常使用破壞性測試，導致許多高價值的部件在測試中報廢，效率也比較低。近年來，全球飛機短艙的第二大供應商賽峰短艙公司（Safran Nacelles）在生產 A320 和 A330 系列客機的發動機短艙時，使用了一個名為 IRIS（InfraRed Inspection System）的機器人系統，其用紅外線熱成像系統對部件進行掃描，並使用 AR 技術將掃描後的數據直接「投影」到被檢查的部件上。這套新的檢測方法使短艙生產的檢驗週期縮短了 50％。

圖 4-2　AR 技術已經開始在產業廣泛應用（圖片來源：iStock）

　　外科醫生在手術之前需要耗費極大的時間和精力來研究患者的各種 2D 影像，以確定最佳手術方案。但是，受制於 2D 影像的局限性，醫生可能會誤判，導致手術中出現臨時變更方案等一系列問題，從而增加手術風險。

　　矽谷的 EchoPixel 公司基於 AR 技術開發出互動式 3D 手術平台和術中軟體，可提供裸眼觀看、非接觸式、互動式的 3D 解剖成像，支援各類結構性心臟手術。該公司的 True3D 軟體使心臟醫療團隊能夠與 3D 的醫學數位對象實現直接互動，從而讓醫生的判斷更加全面、準確。該公司利用電腦斷層掃描（CT）、核磁共振（MR）、超音波心電圖和 C-arm 透視圖來創建實物大小的器官、血管和其他結構的全息數位版本，並允許醫生與特定解剖結構的「數位孿生體」進行互動，以確定治療目標、手術方法和導管位置，從而得到更準確的測量值、距離和角度。這些技術大幅縮短了醫生的診療和準備時間，既減少了醫院的成本，也減少了病人為治療所花費的時間和成本，還有效降低了風險。

　　VR 和 AR 技術將在製造、醫療、傳媒、教育、考古、旅遊、建築等諸多領域發揮廣泛的應用價值。當然，以上案例僅僅是元宇宙中產業變革的先行嘗試。未來，整個工廠、醫院甚至城市都將完成數位孿生，各項資源均可在數位世界快速調用，外部影響均可被準確估計。屆時，無論是製造領域還是醫療領域，都可以在數位世界中進行全面而精準的測試，從而得到最優化的方案。方案在執行時甚至不需要人類干預，透過智慧型機器人就可以將數位世界的狀態同步到物理

世界，從而完成製造或者醫療過程，使經濟效率實現本質性提升。

在元宇宙時代，另一項能夠推動產業變革的關鍵技術是人工智慧。人工智慧將加速龐大數據的深度分析，從而協調整個元宇宙的資源配置與運轉。例如，基於人工智慧和大數據的「城市大腦」在很多城市已經得到了廣泛應用（用於協調整個城市的資源，以提升城市的運行效率和公共事務治理水準），已經接近元宇宙時代公共治理方式的早期版本。例如，現在杭州的城市大腦可以對城市交通進行即時分析，從而得到每一輛機動車或行人當前運動的方向以及速度。城市大腦還可以有效感知城市各區域即時交通狀況，智慧調節紅綠燈，使得道路車輛通行速度最高提升 11％。

未來，即時運算、自動感知、模擬推演、多端協同將成為現實，城市管理的智慧化將進一步加速。越來越多的智慧交通工具和道路等基礎設施將產生大量數據，並被上傳到雲端。城市大腦可以在數位空間中對車流、事故、天氣等數據進行即時分析，甚至可以給出個性化的智慧調度建議，幫助車輛選擇最合適的路線，提升整體交通效率。

人工智慧應用也可以賦予機器一定的分析能力，使其與人類更加緊密地協作，這樣便能將數位世界的指令落實到物理世界中，實現兩個世界的狀態同步。2020 年 5 月，BMW 已經開始嘗試為工廠中的物流機器人和智慧汽車運輸機器人安裝高性能人工智慧模組，這些模組是由 BMW 與輝達（Nvidia）合作開發的。在替機器人配置人工智慧模組後，機器人就擁有了一定的「思維能力」，變得更加「聰明」，可以更好地自主優化流程。例如，在添加智慧模組後，機器人的協調

性得到了提升，其對人和物的識別能力也增強了。與此同時，導航系統變得更有效，能更快、更清晰地識別堆高機、拖車和人員等，還能在幾毫秒內運算出替代路線，使機器人快速避開障礙物並繼續行駛。[11]

　　在元宇宙時代，產業變革方向不僅局限在提升生產力方面，數位技術的應用也將改變產業的組織方式，從而改進生產關係，提升社會協作水準。例如，在足球領域，球迷被稱為球隊的「第十二位成員」，對足球俱樂部的發展至關重要（見圖 4-3）。球迷會為各自喜愛的俱樂部提供許多關鍵性支援，各家俱樂部也都聲稱十分重視球迷的看法。但非常遺憾的是，事實上，球迷並不能影響俱樂部和球隊的任何決定。就算是球隊球衣或周邊產品樣式等小問題，球迷也無力改變。然而，這些情況正在發生變化。2020 年 1 月，尤文圖斯足球俱樂部進行了一次有趣的嘗試，讓俱樂部的球迷投票選擇俱樂部主場進球時播放的歌曲。最終，球迷選擇了英國樂團 Blur 的〈Song 2〉。表面上，這雖然只是關於一首歌曲的無關緊要的選擇，卻是球迷直接參與俱樂部決策的一次嘗試。這次嘗試讓俱樂部球迷真正覺得自己成為球隊的「第十二位成員」，並擁有了參與管理球隊事務的權利。

　　這次投票是在球迷互動系統 Socios 上進行的，該系統搭建在 Chiliz 這個以區塊鏈技術為基礎的文化體育平台之上。球迷可以透過該系統獲得俱樂部代幣，隨後可以在 Socios 上對俱樂部球衣顏色、體育場音樂和標誌、友誼賽安排等事宜進行投票。基於區塊鏈的智慧合

11 劉丹丹 . 寶馬集團：將「智能化」嵌入當下 [EB/OL]. 2020-05-25[2021-08-01]. https://www.sohu.com/a/397562045_294030.

約技術，Socios讓球迷的投票實現了透明化，並確保俱樂部會執行投票結果。這在一定程度上改變了俱樂部的組織和治理方式，改變了俱樂部衍生商品的發售模式，甚至也正在改變體育競技產業的商業模式和組織方式。

過去，俱樂部的運作機制像一個「黑箱」，即使是最忠誠的球迷，也無法了解和影響其內部的決策機制，賽事安排存在的人為操縱、弄虛作假等問題更是受到長期詬病；現在，區塊鏈和智慧合約等技術可以使決策過程公開、透明，使決策結果不可竄改，因此有很多人認為，數位技術不僅能提升生產力，還有機會改變生產關係。

技術的價值可以透過幫助產業轉型升級、提質增效展現——為產業帶來增量的價值才是技術最關鍵的價值。元宇宙是第三代互聯

圖 4-3　球迷被稱為球隊的「第十二位成員」（圖片來源：iStock）

網，是一系列數位技術的融合，其核心使命是幫助產業轉型，因此元宇宙最關鍵的應用場景是產業場景。在元宇宙中，我們在建設一家實體工廠的同時也要建設一個數位孿生體，以實現物理世界與數位世界的即時映射。千萬輛車的行駛資料上傳雲端，可以共同繪製成一幅即時反映區域經濟運行的地圖。身處世界各地的人可以基於數位世界實現高效協作，全面聯網的智慧設備可以有效聯動，產業鏈協作將變得更加透明和高效。

數位資產與實體資產融合

江西出產的贛酒是中國名酒，曾榮獲第五屆國際名酒博覽會金獎。但 2020 年，新冠肺炎疫情導致江西贛酒公司庫存大量積壓，經銷商無法及時支付購貨款，以致公司擴大產銷計畫嚴重受阻。贛酒公司董事長張輝軍一度非常焦慮：「雖然公司總資產在 1.3 億元左右，年產能達萬噸，酒基近 2000 噸，但負債率有點高，公司急需融資『回血』，卻又提供不了符合要求的可抵押物。」在得知贛酒的困難後，中國央行金融研究所的專家們提出利用庫存酒基質押融資的模式，積極協調指導贛酒公司、江西銀行吉安分行、火鏈科技展開三方合作，以「酒基＋存貨＋供應鏈＋區塊鏈」的「動產數位貸」新融資模式，讓酒基和成品酒實現「資產上鏈」，使得經銷商可以憑藉成品酒申請

貸款。

　　這種創新的融資模式，利用供應鏈中核心企業（贛酒公司）的庫存白酒可流通、可保值的特性，基於區塊鏈技術實現了成品酒的數位化。由於在區塊鏈網路上，代表白酒資產的憑證可實現拆分、流轉，可大幅提升資產的流動性，這就相當於讓低流動性的「固態資產」轉變為高流動性的「氣態資產」，進而帶動資產價值的提升。這種方式使得核心企業存貨資產和應收帳款恢復運作，也有效減輕了下游經銷商的資金壓力，從而促進下游經銷商擴大銷售。比如，新幹縣淦瑞商行的老闆皮顯虎就表示：「這次江西銀行給了 30 萬元低利率信用貸款，我一口氣進了 120 箱贛酒。贛酒公司幫我擔保貸款，我幫贛酒公司賣酒，進貨不用自己掏一分本錢，這生意好得很。」[12]

　　這是一個區塊鏈供應鏈金融賦能實體經濟的典型案例，其類似模式已經在多地應用。儘管目前中國社會信用體系建設工作正在加速推進，但是在一些情況下，建立商業信任仍然較為困難。比如，中小微企業由於規模小、固定資產較少，所以難以從金融機構獲得足夠的資金支持。特別是在新冠肺炎疫情發生後，小微企業面臨著更加嚴峻的挑戰。區塊鏈可以將資產數位化，促進數位資產與實體資產相融合，這樣資產發行人（贛酒公司）、資產使用者（下游經銷商）、生態服務商（江西銀行吉安分行、火鏈科技）等各方都能透過資產型態升級獲得實質性收益，可謂「三贏」。此外，上鏈後的「數位化資產」，

---

12 謝文君.「動產數位貸」助贛酒香飄四方 [EB/OL]. 2021-07-23[2021-08-01].
https://www.financialnews.com.cn/qy/dfjr/202107/t20210723_224110.html

更容易實施穿透式管理，無論是金融機構還是投資人，都可以更即時地了解底層資產的變化情況，從而降低風險、節約管理成本。因此，貸款利率也可以適當降低。這就相當於投資人讓利於融資者，以緩解小微企業融資貴等問題。

資產上鏈賦能實體經濟

區塊鏈堪稱「信任的機器」。資訊上鏈後，就會被分散儲存、多方見證，不可篡改。但值得注意的是，區塊鏈雖然可以保證鏈上數據不可篡改，但是無法保證鏈上數據的真實性和準確性。但在未來，企業可以透過物聯網、工業互聯網等方式實現「數位孿生」，從而把上下游企業的 ERP（企業資源規劃）系統、生產系統、庫存系統、物流系統等底層的系統全部打通，並直接接入區塊鏈系統。這將大大增加造假成本，降低鏈上數據的偽造風險，進一步提升資產上鏈的可信度和安全性。因此，資產上鏈實現了數位資產和實體資產的融合，可以有力賦能實體經濟發展，在元宇宙時代有望成為主流商業模式。

除了實體資產上鏈，金融資產上鏈也是非常重要的探索方向。例如，證券型代幣是實現金融資產上鏈的途徑之一。證券型代幣處於數位資產和傳統金融資產的交叉領域，以非常嚴格的合規為前提。在已經頒布相關法律或政策的國家或地區，證券型代幣可以與股權、債

權、不動產等實體資產掛鉤，比如公司股權、私募基金、私募債都可以透過證券型代幣的方式實現發行並同步上鏈，可在合規的前提下有效降低發行和流通成本，並提升資產的流動性。這對金融行業發展變革具有重要的意義，對賦能實體經濟也很有價值。

目前已經有很多國家和地區在這個領域展開探索和嘗試。2020年12月10日，星展銀行（DBS Bank）推出全方位數位資產交易平台DDEx（DBS Digital Exchange），所涉及的業務包括：STO、數位資產交易和數位資產託管服務等。2021年5月，新加坡星展銀行透過DDEx以STO的方式發行了1500萬新加坡元的星展銀行數字債券（DBS Digital Bond），期限為六個月，票面年利率為0.6%。

2020年6月，泰國發行了一個基於區塊鏈的數位債券專案。該專案由泰國公共債務管理辦公室（Public Debt Management Office，簡稱PDMO）發行，發行總量為2億泰銖，債券面值僅為1泰銖。該數位債券基於泰國第二大國有銀行泰京銀行（Krungthai Bank，簡稱KTB）推出的區塊鏈平台發行，投資者只需要擁有泰京銀行帳戶和電子錢包即可購買該數位債券，無須到銀行分支機構或使用ATM。這個數位債券特別之處在於，過去類似債券面值通常是1000泰銖，而該數字債券的面值下調為1泰銖，使得債券購買門檻大大降低，讓那些相對並不富裕的家庭也能有機會購買債券理財，這對於推進金融普惠有著重要的意義。該債券是全球首個由銀行向普通投資者發行的基於區塊鏈的數位債券，實現了數位資產與傳統金融資產的融合，是資產上鏈的一個代表性案例。

　　證券型代幣的誕生目的是希望幫助各類傳統金融資產和實物資產實現數位化。一方面，ST 可以實現讓證券的所有權實現更小顆粒的分割，降低參與門檻，並增加資產流通管道，進而大幅提升資產流動性；另一方面，讓證券具備「可程式設計性」，令其可以在更多場景發揮價值。證券型代幣的優勢包括了合法合規性、快速結算、可程式設計性、高流動性、相對較低的時間和成本、多場景應用等等，關鍵優勢之一是主動接受監管，高標準合規，避免法律風險。

　　當然，證券型代幣目前仍然處於探索早期，2019 年就出現過討論熱潮，但是這幾年的發展速度並不快。這說明證券型代幣還存在一些弊端和亟待解決的問題，在未來仍有很長的一段路要走。證券型代幣在變革金融資產、提升流動性方面值得高度關注。未來，在元宇宙時代，數位金融會全面落地，證券型代幣也有望進一步優化升級，成為實體資產與數位資產的連接橋梁與融合加速器。

　　近來，區塊鏈也開始與藝術、收藏、遊戲等文創領域廣泛結合，這就是 NFT 的探索。透過 NFT 的方式，我們還可以將各類非標準化資產映射到區塊鏈上，使其形成數位資產。這樣可以極大提升這些非標資產的流動性和交易範圍，有效降低交易成本和門檻，擴展更大的價值空間。因此，NFT 化也是實現資產上鏈的重要途徑。在元宇宙時代，萬物皆可 NFT。Decentraland 中有一家數位土地交易中心，在其中進行交易的數位土地就是以 NFT 的形式存在（見圖 4-4）。當然，目前這些數位土地不對應任何實體土地，但是在元宇宙時代，數位世界與物理世界可以深度融合，未來物理的土地可能也會實現 NFT 化，

從而降低交易成本，提升交易效率，控制交易風險。本書第八章會專
門討論 NFT 相關主題，這裡就不進行展開。

　　我們有理由相信，在元宇宙時代，大多數資產都是數位資產與
實體資產的融合型態，融合性的數位資產將迎來大爆發。隨著物聯
網、大數據、區塊鏈技術的融合發展，未來會有越來越多的資源透過
上鏈實現資產化，實現有效確權並獲得流動性，進而提升價值。隨著
數位世界與物理世界的融合，傳統金融體系與基於區塊鏈的數位金融
體系也將進一步融合。

圖 4-4　作者于佳寧參觀數位土地交易中心（圖片來源：Decentraland）

　　因此，資產上鏈有望成為元宇宙發展壯大的關鍵基石，從而進
一步推動物理世界的數位化轉型。但我們也要清楚，資產上鏈只是將
物理世界的資源映射到數位世界中的手段。資產上鏈的目的是，推動

產業全面上鏈，促進數位經濟與實體經濟深度融合，並透過互相促進來賦能實體經濟轉型升級，從而催生新產業、新業態、新模式，壯大經濟發展新引擎。

專欄：企業如何把握元宇宙大機遇？

　　元宇宙是未來社會和經濟發展的新空間，有多種應用場景，各行各業都要考慮在元宇宙中實現落地。元宇宙的變革也會帶給很多行業一系列全新挑戰。那麼，企業如何才能把握元宇宙的機遇，從而成功實現轉型呢？

　　把握元宇宙黃金十年的短暫空窗期。行動互聯網的紅利期已進入尾聲，贏家通吃的「馬太效應」在各細分領域都很顯著。而企業進行元宇宙轉型可以未雨綢繆、制勝未來。未來十年將是元宇宙發展的黃金十年，企業需要深刻理解空窗期中湧現的各種可能性，只有儘早布局，才有機會在元宇宙中取得先發優勢。（參見第三章）

　　思維認知和企業文化優先轉型。元宇宙即將引發的產業變革速度、廣度和深度都將遠超行動互聯網。元宇宙變革的本質是思維變革：元宇宙新思維＝技術思維 × 金融思維 × 社群思維 × 產業思維。認知和文化優於戰略，企業應優先建立對元宇宙的整體認知，形成全面擁抱元宇宙的企業文化。（參見第十一章）

　　儘早制定企業的元宇宙總體戰略。企業應將元宇宙轉型的戰略問題放在優先順序別（由企業主要負責人親自推動），儘早制定企

的元宇宙總體戰略，確定企業在元宇宙中的定位，釐清元宇宙轉型的總體目標，並從最終目標反推需要進行的一系列變革。

把數據納入核心資產，尊重使用者數據權利。在元宇宙中，數據是個人和企業的核心資產。首先，企業需要進一步加強數據安全保護，在確保數據安全的前提下提升數據利用效率和挖掘深度。其次，在展開業務時，企業需要充分考慮、尊重並保護使用者的數據權利，將數據的所有權切實歸還給用戶。最後，企業需要推動數據資產化，讓數據真正成為企業的生產要素。（參見第五章）

考慮向經濟社群化的組織逐步轉型。在元宇宙中，以平台化、社群化、線上化為特徵的新型協作組織方式將逐步成為主流，因此企業要思考建立適應元宇宙的組織方式以及具體轉型路線圖，逐步適應並建立新的協作機制和經濟社群式組織方式。（參見第六章）

重視數位貢獻者的重要性。企業需要重新思考外部數位貢獻者的來源和重要性，其中有些可能是供應商，有些可能是用戶。企業要仔細思考他們以何種方式為企業貢獻了何種關鍵資源，以及分配價值給他們的方式是否合理。企業要嘗試建構新的利益分配系統，打破邊界，實現生態價值最大化。（參見第六章）

重視 IP（智慧財產權），強化直接交付用戶體驗的能力。在元宇宙中，來自物質的約束將被打破，IP 將是一切產業的靈魂，創意可能是唯一的稀缺資源。因此，企業在制定戰略時，需要將 IP 經營放在關鍵位置，系統性地梳理 IP 資源，重新思考企業業務的文化屬性，釐清未來在數位世界的新商業模式，強化直接交付使用者體驗的能

力。（參見第八章）

　　利用 NFT 實現產品型態突破。NFT 有望成為元宇宙中的關鍵價值載體。企業要利用好 NFT 等工具，開發新型態的數位商品，啟動 IP 價值，找到讓企業軟實力變現的有效路徑。這是元宇宙戰略中較為重要的一環。（參見第八章）

　　積極嘗試新技術，實現數位孿生，在業務和資產等維度全面思考數位化融合。元宇宙是數位世界與物理世界的融合空間。其中，數位經濟與實體經濟融合發展，數位生活與社會生活相互促進，數位身分與現實身分兩者結合，數位資產與實體資產實現互通。因此，在元宇宙中，企業必然要走融合發展之路，這就要求企業不僅要把業務流程、產品型態、關鍵資產、行銷驅動全面數位化，還要透過「數位孿生」等技術讓線上線下的場景和資源真正融為一體，這樣才有機會在元宇宙中取得競爭新優勢。（參見第十章）

第五章

趨勢 2：
數據成為核心資產

——元宇宙中數據就是財富，數據權利被充分保護

在元宇宙時代，數據就是如同石油一樣的核心戰略資源。

數據對生產效率的倍增作用日益凸顯。基於數據的客製化產品和服務既讓商業效率大幅提升，也讓每個人的生活變得更好。每台終端設備無時無刻不在產生數據，數據總量呈指數級增長，而機器學習把數據的作用極度放大。同時，善用數據可以使公司獲得巨大的收益，懂數據的公司變得越來越值錢。未來在元宇宙中，中心化互聯網機構壟斷數據資產、濫用使用者隱私數據的模式會終結，取而代之的是充分實現數據權益保護、數據資產化和要素化的全新經濟體系。區塊鏈技術可以作為「確權的機器」，提供一種成本極低的數據確權服務，並透過智慧合約實現數據的交易和價值分配，從而讓數據成為每個人真正的資產，讓數據價值最大化。

你的數據就是你的資產

　　2020 年，新冠肺炎疫情致使菲律賓數百萬人失業。在菲律賓首都馬尼拉北邊的一個小城甲萬那端（Cabanatuan），一個沒有電腦的 22 歲青年阿特・阿特（Art Art）卻找到了賺取生活費的獨特方式。每天，破舊的網咖裡閃爍著電腦螢幕的彩光，他的電腦桌面上開著一個叫 Axie Infinity 的虛擬世界的主頁，他在裡面養殖一種叫 Axie 的精靈寵物並完成各種任務，居然獲得了相對不錯的收入。這個故事來自一部名為《邊玩邊賺》（Play to Earn）的微型紀錄片。2020 年，一款被譽為「區塊鏈版寶可夢」的遊戲 Axie Infinity 在東南亞受到追捧（見圖 5-1）。阿特・阿特靠著這個遊戲賺錢謀生。他告訴很多人這是個有趣的遊戲。正是因為他的介紹，這款遊戲在這個小城中迅速流行，成為許多人在新冠肺炎疫情失業潮中新的謀生之道。一對 75 歲的菲律賓夫婦每天可以賺 5 ～ 6 美元，帶孩子的母親以及剛畢業的大學生都能從中獲得一些收入，甚至有些高手能每週獲得 300 ～ 400 美元的收入，這遠高於當地的平均收入水準。

　　從遊戲的角度來看，這是一款關於數位幻想精靈 Axie 的卡牌對戰類遊戲，玩家可以在這個遊戲中蒐集、飼養和繁殖 Axie 精靈。每個 Axie 精靈擁有不同屬性，包括血量、士氣、技能和速度，這些屬性也決定了 Axie 精靈的戰鬥力。同時，每個 Axie 精靈也都是一個基於區塊鏈技術的 NFT 數位資產，可以在交易市場上進行流轉。

圖 5-1　Axie Infinity 成為一些菲律賓人新的收入來源
（圖片來源：紀錄片《邊玩邊賺》，製作者 Emfarsis）

　　Axie Infinity 的主要玩法大體可以分為三種：對戰模式、繁殖模式和數位土地模式。

　　對戰模式分為人機對戰以及玩家間對戰。在對戰模式中，玩家需要先透過贈予、租賃或購買等方式獲取3個Axie精靈，並組成隊伍。每個 Axie 附帶 4 張技能卡牌，卡牌影響著 Axie 精靈在遊戲中的強弱（見圖 5-2）。在每個回合，玩家都需要透過嚴謹的排兵布陣來擊敗對手，從而拿到獲勝獎勵「小愛情藥水」（Smooth Love Potion，縮寫為 SLP）。遊戲中還有任務激勵機制和排名機制。玩家完成每日任務能獲取 50 個 SLP。官方每月根據積分替玩家排名，獎勵一小部分玩家一些遊戲代幣 AXS。

　　繁殖模式是指 Axie 精靈可以透過兩兩繁殖來培育後代。Axie 精靈寶寶的屬性由父母的基因決定，當然也會因突變而出現擁有特殊屬

圖 5-2　Axie Infinity 的對戰場景
（圖片來源：Axie Infinity，開發商 Sky Mavis）

性的新精靈。SLP 和 AXS 是繁殖 Axie 精靈的必需品，每次繁殖需要 4
個 AXS 和一定數量的 SLP，一個 Axie 的繁殖次數越多，繁殖時需要
的 SLP 也越多。為了避免精靈數量的過度增長，每個 Axie 精靈的可
繁殖最大次數為 7 次。因此，那些繁殖次數少、屬性好、卡牌與精靈
屬性相符的 Axie 價值相對較高。SLP 和 AXS 是基於區塊鏈發行的數
位資產，Axie Infinity 正是透過它們建構了遊戲中的經濟模型。除了
繁殖精靈需要使用之外，SLP 還是遊戲中的重要道具，而 AXS 也可
以用於提出改善方案和投票治理。

　　數位土地模式是指 Axie Infinity 中存在 90601 塊數位土地，每一
塊都是一個 NFT，而土地擁有者對地塊上產生的任何數位資產獎勵
都有優先獲取權。未來的玩家還可以透過地圖編輯器在自己的地塊

上建造和裝飾家園，從而建構 Axie Infinity 的元宇宙。2022 年 1 月，Axie Infinity 團隊發布網誌表示，該專案的數位土地將分多個階段推出。第一階段將主要關注模擬和土地管理（例如生產、資源蒐集、建築和貿易等）；第二階段將增加額外的管理遊戲元素（例如技能樹、工作和社交／合作活動）；第三階段將更側重於團隊戰略遊戲（防禦、戰鬥、征服）。

在 Axie Infinity 的遊戲生態裡，玩家可以透過對戰、衝擊排行榜以及繁殖販售等方式獲得收益，這也導致遊戲中存在著排名代練、戰鬥代練、繁殖工作室等角色。不同於傳統遊戲生態，這些角色不再是灰色產業的一角，而是真正推動遊戲發展和幫助玩家的生態群體。

Axie Infinity 為什麼能在菲律賓等國家紅透半邊天？不僅是因為 Axie 精靈呆萌可愛，遊戲核心玩法設計合理，玩家需要對空間關係、戰鬥流程和策略做縝密的考量才能在對戰中獲勝（具有較強遊戲性），更重要的原因是玩家在享受遊戲樂趣之外，還能透過 Axie 精靈的培育以及贏得 SLP 和 AXS 等方式賺到錢。

以 Axie Infinity 為代表的區塊鏈遊戲與傳統互聯網遊戲有三大不同之處。

首先，經濟模型不同。在傳統網路遊戲中，付費（也被稱為「課金」）是玩家與遊戲廠商之間的交易。在 Axie Infinity 中，由於 Axie 精靈只能透過交易和繁殖兩種方式獲得，新人想要參與遊戲，就需要首先透過贈予、租賃或購買等方式從老玩家或遊戲廠商處獲得精靈。也就是說，該遊戲中的關鍵道具以數位資產的形式在玩家之間自由流

轉，因此帶來了新的分散式經濟模型，甚至是「邊玩邊賺」的全新模式。Axie Infinity 背後的開發公司 Sky Mavis 當然也可以因遊戲生態的繁榮而獲利，該公司的盈利主要來自 Axie 精靈銷售、數位土地銷售、Axie 精靈交易手續費和 Axie 精靈繁殖費四類。該公司也持有一定量的 AXS 和 SLP，其價值也會隨著遊戲的火爆而持續增長，這些機制使得遊戲廠商和玩家的利益變得更加一致。

其次，玩家的組織方式不同。對於傳統網路遊戲，特別是電競屬性較強的遊戲來說，專業玩家的部分收入與遊戲錦標賽獎金、贊助以及廣告收入有關，但是很大一部分收益都歸職業玩家和電競公會所有。Axie Infinity 也同樣出現了遊戲公會的模式，以 YGG（Yield Guild Games）公會為代表。它向新手玩家出借 Axie 精靈，並由社區經理對新玩家進行培訓。在玩家獲得的收益中，10％作為精靈租金支付給公會，20％作為培訓費用支付給社區經理，玩家自己則能保留 70％的收益。在這種新型組織方式中，各方分工明確：公會負責提供「生產數據」，社區經理提供「生產技能」，玩家則主要負責在遊戲中進行「生產」，各方得到相應的回報。2021 年 7 月，YGG 公會全體成員共賺取超過 1177 萬個 SLP，這也推動了 Axie Infinity 的遊戲生態進一步發展。

最後，遊戲帳戶和道具的透明度和歸屬權不同。在傳統網路遊戲領域，遊戲道具等資產的所有權實際上屬於遊戲廠商，廠商可以隨意發行遊戲道具（實際發行的數量和分配方式不透明），甚至有權更改玩家持有的道具，玩家實際上僅擁有遊戲資產的使用權。而在 Axie

Infinity 中，借助區塊鏈技術的賦能，玩家可以真正擁有這些遊戲資產的所有權。道具的總量和分配也非常透明，AXS 和 SLP 是遊戲中繁殖 Axie 的核心要素，但 AXS 只能透過排名獎勵獲得，每個帳號每天能獲得的 SLP 也存在上限。任何人都可以即時透過區塊鏈瀏覽器查詢 AXS 和 SLP 的發行和分配情況，無法造假。由於遊戲道具實現了代幣化，其交易成本大幅下降，流動性大大提升，因而成為真正的數位資產。

　　很顯然，儘管這些遊戲道具以數據的型態存在，但是玩家為了獲取這些道具投入了勞動或者金錢，而且道具有明確的市場價值。因此，這些道具應該被視作資產，並且應該歸創造者所有。Axie Infinity 成功的因素之一就在於，它將玩家的道具等數據變為真正的資產，並確權到玩家手中（見圖 5-3）。

圖 5-3　作者于佳寧到訪 Axie 展示空間（圖片來源：Decentraland）

　　讓用戶擁有遊戲資產，是一個重大的變革。儘管網路遊戲行業快速發展多年，但網路遊戲虛擬裝備的歸屬權長期存在爭議，並引發了一系列問題。在大眾普遍認知裡，遊戲帳號和擁有的道具被認為是玩家的虛擬資產，玩家按理說應該可以自由交易這些虛擬資產，市場上也一度出現如 5173.com（類似台灣的 8591 寶物交易網）這類網路遊戲道具交易平台。全球網路遊戲虛擬資產交易市場規模一直在持續增長，從 2014 年的 191.6 億美元增長至 2020 年的 388.2 億美元。2020 年，全球共有 4 億多遊戲玩家參與遊戲帳號、裝備的相關交易。

　　另一方面，遊戲廠商從不認同遊戲帳號和道具是玩家的虛擬財產。早在 2004 年，時任網易遊戲市場總監黃華就表示：「這些所謂的『虛擬財產』都是屬於遊戲開發者的。就像一個軟體一樣，著作權是屬於軟體開發者的。玩家只是遊戲的『使用者』和『體驗者』。」

　　2021 年 4 月，騰訊在廣州互聯網法院起訴 DD373 遊戲交易平台，庭審影片在互聯網上被廣泛傳播並引發巨大輿論浪潮。DD373 是一家網路遊戲交易平台，玩家可以在該平台交易遊戲道具和遊戲帳號，例如在這個平台上，就有玩家交易騰訊營運的遊戲《地下城與勇士》（DNF）的帳號、金幣和道具等。騰訊認為，該平台的交易模式影響了《地下城與勇士》這款遊戲的營運，損害了騰訊公司的利益，因此將其告上法庭，要求賠償 4000 萬元並道歉。

　　在庭審過程中，騰訊聲稱，如果使用者接受網路服務商提供服務所形成的數據虛擬財產，那麼包括玩家的遊戲幣在內的虛擬財產便屬於公司的數據，其權屬在遊戲公司的手中。遊戲帳號和遊戲道具不

屬於虛擬財產，玩家只有使用權，沒有所有權。《地下城與勇士》的智慧財產權歸騰訊所有，遊戲中的道具、金幣等物品所有權也應該歸屬於騰訊，玩家和第三方平台無權對此進行買賣和交易。最終，騰訊未能贏得訴訟，但遊戲道具的歸屬權仍有巨大的問號。

互聯網已經走過近 30 年的歷史，改變了每個人的生活方式。但我們從網路遊戲道具權屬爭議中可以看到，作為互聯網用戶，事實上我們從未真正擁有過數位生活空間中最關鍵也最寶貴的資源——數據。你可能不是遊戲玩家，但是這些爭議反映出來的「數據權利」問題與我們每個人都息息相關。不可否認的是，在 Web 1.0 ～ 2.0 時代，想要讓數據有效確權確實不容易，成本不菲，需要眾多第三方機構的驗證，因此權屬不清是常態，數據並不能被視作真正的資產。

在元宇宙時代，這些問題必須解決。我們認為，區塊鏈技術可以作為「確權的機器」，為元宇宙提供一種極低成本的數據確權服務，並且可以透過智慧合約進行數據交易和價值分配，因而有望讓數據成為每個人真正的資產。區塊鏈技術第一次實現了在不依賴於第三方機構的情況下，快速進行所有權的確權，從而為我們的數據權利保護提供了全新的解決方案。當然，數據資產化和數權保護還面臨眾多障礙，尤其是牽涉複雜的法律問題，僅僅依靠區塊鏈是遠遠不夠的。但無論如何，我們透過 Axie Infinity 等創新嘗試已經看到了數據資產化雛形，這也是更加普惠的新數位經濟時代的曙光。雖然它只是一個遊戲，但它更是一個利用區塊鏈技術實現數據確權的有益嘗試。遊戲中的精靈、道具雖然只是一些數據，但是經區塊鏈確權後可以成為由

使用者真正擁有的數位資產。基於系統中的經濟模型更可以讓這些數據真正成為新的生產數據，為數位經濟創造越來越多的價值，形成新的數位財富。

一定要記住，在元宇宙中，你的數據就是你的資產。

圍繞數據的爭執

2021 年年初，蘋果公司和 Facebook 圍繞使用者數據的問題出現嚴重爭執。蘋果公司發布了新的系統（iOS14），其最大的特點之一是極大地加強了用戶的隱私保護：要求手機 App 明確透露如何蒐集數據，如何共用數據，以及是否將其用於廣告追蹤。用戶也可以明確選擇是否讓手機 App 對自己的資訊數據進行追蹤和分析。

這對於 Facebook 來說是沉重一擊。目前，Facebook 的商業模式是以大數據為基礎的精準廣告投放，即透過追蹤使用者的使用數據，幫助廣告商精準地找到用戶，並推送精心策劃的個性化廣告。廣告投放的精準度和轉化效果取決於對使用者數據的深度挖掘與分析利用。財報顯示，Facebook 在 2021 年第二季度營收 290.8 億美元，廣告提價是營收增長的主要推動力，廣告收入占總營收比重超過 98％。現在，蘋果手機的隱私保護功能將極大地影響 Facebook 的商業運作。

2021 年 1 月，祖克柏指責蘋果公司的這種行為是「個性化廣告

和隱私之間的錯誤權衡」，認為蘋果公司濫用其「主導平台地位」推廣自己的應用程式，同時干擾 Facebook 的應用程式。他表示，儘管蘋果公司聲稱這項舉措是為用戶提供隱私保護的，但這實際上只是為了蘋果公司自身的競爭利益。有消息稱，Facebook 正準備針對蘋果公司的 App Store 規則提起反壟斷訴訟。蘋果公司首席執行官提姆・庫克（Tim Cook）在電腦、隱私和數據保護會議上則針鋒相對：「技術的成功並不需要從幾十個網站和應用程式中蒐集大量個人數據……如果一項業務建立在誤導使用者、利用數據、根本沒有選擇的選擇之上，那麼它不值得我們稱讚，就應該改革。」

實際上，蘋果公司對 Facebook 等巨頭公司在用戶數據保護上的質疑已經持續多年。2014 年，庫克公開抨擊 Facebook 和 Google 是「從蒐集使用者數據中獲利的科技公司」，並表示消費者有理由擔心自己的個人數據被濫用。2018 年，Facebook 經歷了史上最大規模的數據洩露事件，也就是惡名昭彰的「劍橋分析事件」。庫克曾就此事發言稱：「我根本不會讓自己陷入這樣的境地……Facebook 應該在使用者數據問題上加強自我監管。」蘋果公司和 Facebook 圍繞數據的爭執告訴了我們一些「真相」：中心化互聯網巨頭不僅無償「霸占」我們的數據，而且它們對數據的濫用已經危害到了我們每個人的數據安全，對社會發展也產生了負面影響（見圖 5-4）。

在「劍橋分析事件」之後，Facebook 對此問題進行了反思。2021 年 8 月 11 日，Facebook 產品行銷副總裁馬德（Graham Mudd）撰文表示，Facebook 正在重建其線上廣告系統機制。他在文章中說：

「因為數據與個性化推薦是我們所有系統的關鍵,從廣告定向到優化再到度量,在接下來兩年內,Facebook 上幾乎所有系統都將重建,事實上這已經在進行中了。」Facebook 希望利用科技創新實現個人數據隱私安全和個性化數據利用的平衡,希望在廣告主和平台都無法得到具體個人資訊情況下,透過最小化數據處理量,實現廣告效果度量和優化,以及個性化推薦等關鍵功能。同時,關於這些問題的反思可能也是 Facebook 戰略轉向元宇宙的其中一個原因。

圖 5-4　捍衛數據權利(圖片來源:iStock)

依賴於數據的 Google 也面臨著類似的問題。2017 年,歐盟反壟斷執法機構對 Google 的調查報告顯示,當使用者搜尋與產品有關的關鍵字時,Google 把自己的比價服務顯示在更突出的位置上,從而實

現獲利，這涉及濫用市場壟斷地位的問題。這其實也是 Google 利用使用者搜尋數據的結果，使用者越頻繁使用一個搜尋引擎，就會有越多數據被用於優化搜尋結果，自然也就會使得該搜尋引擎越受到廣告商歡迎，進而強化其壟斷地位。最終，歐盟委員會認定 Google 濫用搜尋引擎市場支配地位，對其處以 24.2 億歐元的巨額處罰。

　　實際上，在互聯網發展早期的拓荒時代，Facebook、Google、亞馬遜等擁有著極為龐大使用者數據的巨頭悄然制定了一個利於自己發展的「潛規則」，那就是使用者要享受便利的互聯網服務，就要以無償貢獻自身數據為代價。這些公司憑藉「免費」的互聯網產品與服務，將使用者產生的數據和虛擬財產「據為己有」，將本應該屬於互聯網使用者的數據直接變現並納入囊中。這種「潛規則」絕非合理。隨著互聯網發展越發成熟，這些行為也引起了各國監管部門的高度關注，各國正逐步用法律法規加以規範。

　　2016 年 4 月 14 日，在歷經四年的協商後，歐盟《通用數據保護條例》（General Data Protection Regulation，縮寫為 GDPR）獲得通過，並於 2018 年 5 月 25 日正式生效。這是一部關於隱私和數據保護的法規，要求公司對用戶隱私的保護措施要更加細化，對數據的保護協定要更加細緻，以及對隱私和數據的保護實踐要進行披露。2019 年 1 月，法國國家資訊自由委員會（CNIL）就根據該條例開出首張罰單：因 Google 違反了條例中關於數據隱私保護的相關規定，決定對其處以 5000 萬歐元罰款。隨後，Google 提出上訴，但法國最高行政法院還是在 2020 年 6 月駁回上訴，稱 Google 沒有向安卓用戶提供足夠清

晰透明的隱私保護資訊。

從 2019 年開始，中國也對手機 App 過度索取用戶授權的現象進行整治。截至 2021 年 3 月，中國工信部總共完成 73 萬款 App 的技術檢測工作，責令整改 3046 款違規 App，下架 179 款拒不整改的 App。時任中國工信部副部長劉烈宏表示，一些即時通訊工具、輸入法和地圖導航等 App 使用麥克風許可權，在讀取文字輸入內容後超出使用者許可範圍將資訊用於「其他途徑」，這帶來了風險隱患。

誠如《人類大歷史》（Sapiens: A Brief History of Humankind）和《人類大命運》（Homo Deus: A Brief History of Tomorrow）的作者哈拉瑞（Yuval Noah Harari）所述：「我們已淪為數據巨頭的商品，而非用戶。」人們即使知道並且不滿這樣的數據竊取和資產掠奪行為，仍然無法放棄使用這些互聯網產品。也正是因為如此，我們必須認識到，數據是有價值的資產，應該歸於創造者，互聯網公司不應無償免費濫用我們的數據。不過，數據的權利界定、交易機制、定價方式等要素分配體制的不完善，導致個人很難有效保護自己的數據資產，更無法分享數據紅利。

如果個人數據可以流通變現，那麼企業購買使用者數據或在交易中抽成也可以實現共同獲利，或許能打破目前的數據困境。2018 年 9 月 20 日，知名科普雜誌《科技新時代》（Popular Science）的一篇報導稱，基於以太坊區塊鏈的 Brave 瀏覽器被列為 Google Chrome 瀏覽器的可行替代品。Brave 是一個將隱私放在第一位的新款瀏覽器，由 Mozilla（火狐 Firefox 瀏覽器背後的非營利組織）聯合創始

人、JavaScript（電腦程式設計語言）的發明者布蘭登・艾克（Brendan Eich）開發。Brave 瀏覽器希望將用戶在網路上的活動和數據存取權限還給使用者，透過阻止追蹤程式，實現快速、安全和高隱私的上網體驗。Brave 瀏覽器的創新對傳統互聯網廣告模式造成了衝擊，讓使用者能夠得到數據價值。

　　Brave 瀏覽器是怎麼實現這個目標的呢？首先，一些網站無節制地向用戶推送各類廣告，用戶只能接受這種騷擾，而網站能從中獲取大量利益。Brave 瀏覽器全面阻止了各網站識別和追蹤用戶的企圖，這也會使使用者的上網速度顯著提升。其次，Brave 瀏覽器提升了用戶的瀏覽私密性，使用者的上網數據會被加密，以提升匿名程度，從而有效保護隱私。最後，Brave 瀏覽器存在 Brave Rewards 功能，用戶可以選擇觀看注重隱私的廣告，賺取基於區塊鏈的數位資產，並可以用這些數位資產支援自己喜歡的網路創作者，也可以用其兌換優質內容和禮品卡。而觀看廣告的行為是可以由用戶自行控制的，比如設置每個小時觀看的廣告數量。Brave 瀏覽器的透明廣告收入分享模式讓其成為很多人的新選擇。

　　到 2021 年 3 月，Brave 瀏覽器的月活躍用戶達 2900 萬，每日活躍用戶達到 980 萬。而其發展的最大動力是用戶基於 Brave 瀏覽器可以獲取自己原本就應該擁有的數據價值，從而讓數據的資產化和價值化成為現實。

　　保護個人隱私和數據權利將是下一代互聯網發展的根基。元宇宙的商業模式將建立在數據資產價值公平分配基礎之上。隨著個人資

訊保護的法律法規的完善，以及使用者數據權利意識的覺醒，我們將看到數據確權和交易會成為用戶的剛性需求。儘管高替換成本、強網路效應和使用者體驗一致性等因素是互聯網巨頭的競爭壁壘，看似很難被顛覆，但我們相信，隨著個人數據開始變成更有價值的資產，看似無法實現的數據交易將變得可行，使用者對數據權利的追求將使互聯網商務邏輯發生根本變化。幫助使用者數據實現資產化並實現流通的能力將是互聯網公司新的關鍵競爭力。

專欄：元宇宙時代，如何保護自己的數據權利？

每個人都應該意識到，你的數據就是資產，在未來則可能是最寶貴的資產和財富。但是，這筆財富往往很少能被我們真正管理和保護。那麼，我們應該如何保護自己的數據權利呢？

像愛護眼睛一樣保護自己的隱私數據。 各個 App 的數據保護政策並不相同，我們在使用時必須對此保持關注，對任何授權、追蹤、記錄 Cookie（儲存在使用者本地終端上的數據）的請求都要查看，不要直接點同意，以免自己的數據被互聯網公司隨意蒐集。這些數據不但會被平台無償使用，還可能被用在對我們不利的方面，比如「大數據殺熟」（價格歧視）等。我們應該只授予非常必要的許可權給各種應用程式，即使是對互聯網巨頭或大型企業的產品也要如此。除非在非常必要的情況下，我們不要隨意啟用人臉辨識等功能，以防止極為關鍵的個人生物資訊被蒐集和濫用。

像保護財產一樣保障自己的資訊安全。不要對手機進行「越獄」或 Root（獲取超級用戶許可權）操作，要在個人電腦上安裝正版作業系統。不要盲目註冊來路不明的 App 或網站。要將不常用的電腦軟體或手機 App 一律卸載，等要用的時候再安裝。要定期使用系統內建的惡意軟體掃描工具進行全面掃描。對於不了解的應用程式或行銷頁面，不要輕易授權社交網站的個人資訊，以防止身分資訊被惡意使用。要在不同網站或 App 採用不同用戶名和密碼，若記不住用戶名及密碼，就啟用密碼管理器，從而避免個人資訊和密碼外流，避免成為網路上的「透明人」。重要網站或應用程式應盡可能啟用「兩步驗證」功能。在公共場合，不要輕易連接免費 Wi-Fi，絕不掃描不明 QR 碼。不要點擊不明簡訊中的連結，不答覆任何不明來電。

寧可付費也不隨便付出數據。很多免費軟體或服務的背後是以數據授權為代價的，它們往往需要獲取大量許可權，那些所謂破解版的軟體或 App 甚至可能會竊取敏感資訊，使用者付出的實際代價可能更高。天下沒有免費的午餐，互聯網上的流量價格昂貴，免費服務總要有其他的變現機制。雖然付費軟體需要使用者支付一定費用，但其隱私性和安全性往往會稍好一些。因此，我們要盡可能從官網或者應用商店下載軟體或 App。

時刻準備好捍衛你的數據權利。我們要深入了解關於個人隱私數據的法律條文和維權方式，一旦發現個人數據被洩露、竊取或濫用，或 App 存在損害隱私權利的行為，要勇於透過法律堅決維權。

懂數據的公司越來越值錢

2020 年，線上影音平台網飛（Netflix）出現了驚人的增長，全年新增了 3700 萬付費會員，營收達到 250 億美元，收入同比增長 24%，營業利潤甚至增長 76%，達到 46 億美元。為什麼網飛能在各類串流媒體網站中脫穎而出，追根究柢是善用數據所帶來的巨大力量。網飛發布的報告顯示，有 80%的使用者在選擇觀看影音內容時，會受到大數據分析推薦的影響。網飛正是一家善於應用大數據的公司。網飛利用人工智慧分析使用者數據，得到使用者偏好，進而實現內容的個性化推薦，有效增加了影音內容的觀看人次和使用者的忠誠度，令其奠定了串流媒體領域的霸主地位。

為什麼我們反覆強調數據可以成為資產？因為數據確實很值錢。當下，數據對提升生產效率的倍增作用日益凸顯，「客製化」的產品和服務讓商業效率大幅提升，也讓我們的生活在某些方面變得更好。每台終端設備無時無刻不在產生數據，數據總量呈指數級增長，機器學習把數據的作用放大，數據已經變成了財富。善用數據的公司或個人可以獲得巨大的收益，懂數據的公司變得越來越值錢。這些邏輯在網飛等公司身上得到了非常好的驗證。

但是，很多行業存在數據高度分散、標準不統一、系統不互通等問題，這便導致數據獲取和利用面臨成本高、效率低、不合規等困難。區塊鏈技術的出現在很大程度上解決了這些問題，使數據的篡改

難度和可追溯性得到了大幅改進，同時也使鏈上數據分析成為大數據領域的關鍵賽道之一。其中，成立於 2014 年 10 月的 Chainalysis 公司是這個賽道的領軍企業。

2014 年 2 月 7 日，當時還非常年輕的區塊鏈行業遭遇了「黑色星期五」，受到了史無前例的重創。這是因為當時全球最大的數位資產交易平台 Mt. Gox 再次遭受到駭客攻擊，這也是它遭受過最嚴重的一次打擊。[13] 這次攻擊造成了共計約 85 萬枚比特幣被盜，儘管此後 Mt. Gox 號稱找回了 20 萬枚比特幣，但仍有 65 萬枚比特幣不知所蹤。按當時的價格計算，被盜比特幣的價值約為 5.2 億美元；如果以 2021 年 9 月的價格計算，被盜比特幣的價值約為 3250 億美元！這起重大駭客事件也導致了當時市場對交易平台的安全性極度不信任。也正是在那一年，區塊鏈數據分析公司 Chainalysis 應運而生。

2017 年 6 月，一些區塊鏈公司代表參與了美國國會眾議院聽證會，Chainalysis 聯合創始人喬納森・萊文（Jonathan Levin）表示，他確切知道丟失的 65 萬枚被盜比特幣的去向（當然，這不意味著能把它們拿回來）。Chainalysis 後來逐步成為美國政府在區塊鏈領域的合作機構，並協助政府打擊了諸多利用區塊鏈的犯罪活動。例如，2019 年 10 月，基於 Chainalysis 的服務，美國司法部成功關閉了 Welcome

---

13 Mt. Gox 常被戲稱為「門頭溝交易所」，原為《魔法風雲會》線上交易平台，由傑德・麥卡萊布（Jed McCaleb）創立，其命名源於《魔法風雲會》英文名稱「Magic: The Gathering Online eXchange」的首字母縮寫，後轉型為比特幣交易平台，於 2011 年賣給了馬克・卡佩勒斯（Mark Karpeles）。2013 年，Mt. Gox 成為當時世界上最大的數位資產交易平台。但在駭客事件發生後的 2014 年 3 月 9 日，Mt. Gox 在美國申請了破產保護。

to Video（WTV）這個世界上最大的兒童色情網站，抓獲了數百個犯罪分子，還解救了 23 名兒童。

Chainalysis 作為鏈上數據分析賽道的領頭羊，在獲得政府和市場認可的同時，也獲得了資本的持續關注和投入。在 7 年的時間裡，Chainalysis 就獲得了 9 輪融資，共募集了 3.66 億美元的資金。2021年 6 月，Chainalysis 以 42 億美元的估值完成了 1 億美元的 E 輪融資，這是 Chainalysis 第三次進行破億美元的融資，其餘兩次分別在 2020年 12 月和 2021 年 3 月，融資節奏之密集也從側面反映了其發展速度。Chainalysis 之所以如此值錢，是因為其具備極為精準和專業的對區塊鏈上數據的分析能力。

Chainalysis 的核心業務包括客製化的數據服務（Chainalysis Business Data）、數位資產交易監控服務（Chainalysis KYT[14]）、鏈上數據深度分析（Chainalysis Kryptos）、投資決策數據支援服務（Chainalysis Market Intel）、鏈上資產流動調查服務（Chainalysis Reactor）等（見圖 5-5）。該公司掌握著 2000 多家區塊鏈服務商的數億個地址標籤，精準掌握著區塊鏈世界的數據流動背後的本質。也正是因為如此，Chainalysis 為分布在全球 60 多個國家或地區的 400 多個政府機構、銀行金融機構、保險公司、網路安全公司和交易平台等機構提供服務，從美國政府獲得的訂單就超過了 1000 萬美元。

---

14 KYT 指的是「了解你的交易」(Know Your Transaction)。

圖 5-5　Chainalysis 提供區塊鏈上的數據分析服務
（圖片來源：Chainalysis 官方宣傳片）

　　數據不僅僅是個人資產和公司核心競爭力的來源，數據對國家來說更是關鍵性的生產要素。中國已將提振數據價值、發展數據要素市場上升為國家政策。2015 年 8 月，中國國務院印發《促進大數據發展行動綱要》，提出全面推進中國大數據發展和應用，加快建設數據強國。2019 年提出，健全勞動、資本、土地、知識、技術、管理、數據等生產要素由市場評價貢獻、按貢獻決定報酬的機制，這是中國首次將數據納入生產要素範圍。隨後，中國國務院副總理劉鶴撰文對「數據」作為新的生產要素進行了細緻的解釋，其中特別提到「數據對提升生產效率有乘數作用」，還提到「要建立健全數據權屬、公開、共用、交易規則」。2020 年 4 月，中國發布《關於建構更加完善的要素市場化配置體制機制的意見》，首次定義數據與土地、人力、資

本、技術並列為五大生產要素，並明確提出加快培育「數據要素市場」、推進政府數據開放共用、提升社會數據資源價值、加強數據資源整合和安全保護等要求。

透過這些政策，我們能夠看到中國已經把數據作為重要的「生產要素」。數據是取之不盡、用之不竭且會保持高速增長的一種新型資源。將數據納入生產要素並轉型為數據驅動的增長方式，會推動經濟發展走向新的階段。

未來，在元宇宙的世界中，數據規模將是非常驚人的，這勢必會推動建立全新的數據秩序。在充分保障數據權益和隱私安全的前提下進行數據價值的再創造，是企業創新的新機會。中心化互聯網機構壟斷數據資產、濫用使用者隱私數據的時代將被終結，取而代之的是一個充分實現數據權益保護、數據資產化要素化的全新商業模式。元宇宙中的內容創作者不用再擔心文字、圖片、影片等作品被隨意轉發而得不到版權保護，也不用擔心分不到版權產生的利益。消費者不用再擔心自己的購物偏好、交通數據甚至生物資訊等被商業機構私下交易並且濫用，我們可以選擇將個人數據出售給自己認可的商業機構，不僅能獲得相應的報酬，還能實現個人數據價值最大化。

第六章

趨勢 3：
經濟社群崛起壯大

——元宇宙中經濟社群成為主流組織方式，
數位貢獻引發價值分配變革

自互聯網出現以來，不少人只是聚集一些同好，並拉起一個社群，就能做出一些以往大公司無法做到的偉大成就。到了元宇宙時代，組織型態的升級是比資產型態和商業模式變革更加深層次的變化，「公司組織」將逐步衰落，**開放、公平、透明、共生的「經濟社群」有望成為主流的組織型態**，組織目標轉變為「社群生態價值最大化」，以組織變革的力量，助力各行業實現效率變革，開創更加公平、更加普惠、更可持續的數位經濟新模式。

當下，經濟社群組織與區塊鏈智慧合約等自動化工具結合，出現了「收益農耕」等新型分配方式，以及 DAO（分散式自治組織）等新型治理模式，讓數位貢獻者真正參與到社群的治理中，使得社群治理規則更加公平、透明、有效，強化數位貢獻者和平台的共生關係，吸引更多資源，擴大網路規模，形成正向循環的「飛輪效應」。

元宇宙時代經濟社群取代公司成為主流組織

2016 年 6 月 12 日，新生的以太坊區塊鏈迎來了一個「生死攸關」的時刻。一個名為「The DAO」的初創項目被駭客攻擊，共被盜走 360 萬個以太幣，這個數量超過該項目眾籌資產總額的三分之一。The DAO 是 2016 年的明星項目，它募集的以太幣占到當時總流通量的 15%。這個駭客事件不僅讓參與 The DAO 項目眾籌的支持者可能蒙受巨額損失，還有可能對以太坊生態造成不可逆轉的損害。

打個比方，駭客如同颶風一般，將以太坊生態的所有參與者精心建造之稍有規模的小鎮一夜毀壞，儘管土地還在，但是很多人不得不選擇搬遷到別處。這是一個威脅到以太坊生態能否存續的關鍵時刻，而這些「小鎮居民」的自救過程又出現了更大的問題。

這個事件要從 2016 年 4 月 30 日說起。當時，The DAO 在以太坊上發起了眾籌，成功地在 28 天內從支持者處籌得當時價值 1.5 億美元的以太幣，這是當時最大的眾籌。The DAO 在獲得市場廣泛關注的同時，也很不幸地引來了駭客的注意。2016 年 6 月 12 日，The DAO 創始人之一的斯蒂芬·圖爾（Stephan Tual）宣稱，他們發現了智慧合約程式中存在遞迴呼叫漏洞（Recursive Call Bug）。在他們修復漏洞期間，駭客利用這個漏洞直接盜走了大量以太幣，並轉到一個他控制的智慧合約。幸運的是，由於 The DAO 的規則限制，駭客需要等待 28 天之後才能提取，也就是駭客雖然表面上暫時「擁有」了

這些以太幣，但無法將其轉出或拋售，這讓以太坊社群有 28 天的自救時間。

　　以太坊社群在面對 The DAO 被盜這樣嚴重的事件做出了怎樣的反應呢？2016 年 6 月 17 日，以太坊創始人維塔利克‧布特林發布了一份報告，提出了「軟分叉」（Soft Fork）解決方案，提議所有節點統一升級到新的版本。根據這個方案，在 2016 年 6 月 24 日早上 9 點 44 分（也就是區塊高度 1760000）後，任何與 The DAO 事件相關的交易都會被確認為無效交易，以阻止駭客轉出那些被盜竊的以太幣。這個方案得到了社群的支援，大多數節點升級了用戶端軟體。但不幸的是，由於更新的軟體有問題，軟分叉方案並沒能成功解決問題。

　　此時，距離駭客可以轉出數位資產的期限只剩下兩週，剩下的唯一解決方案是將以太坊區塊鏈進行「硬分叉」（Hard Fork）。按照這個方案，以太坊社群可以用升級區塊鏈底層程式的方式，從 The DAO 和駭客掌握的智慧合約 [15] 中「強行取回」被駭客盜走的資產和 The DAO 剩餘的資產，也就是將約 1200 萬個以太幣轉移到一個名為 WithdrawDAO 的智慧合約中，隨後歸還給眾籌參與者。

　　這個提案在社群裡引發軒然大波，一些社群參與者堅決反對硬分叉。他們認為，如果因為區塊鏈生態裡的一個重要項目出現問題，他們就要對整個網路進行更改，這就會違背區塊鏈「不可篡改、去中

---

15 在駭客盜取了 The DAO 約 30％的資產後，一群「白帽」駭客將 The DAO 中剩餘資金用和駭客類似的手法轉出到幾個專門的智慧合約（這些合約被稱為「the white hat DAOs」，以保護這些資產不會落入駭客之手），盜竊資產駭客控制的智慧合約被稱為「Dark DAO」，因此硬分叉實際上影響的是上述智慧合約。

心化」的精神。去中心化網路的目標就是沒有人有權做這種事情。網路論壇 Reddit 上有人稱：「以太坊基金會參與並推廣 The DAO 項目就是個錯誤。以太坊應該為一些能夠成功的項目提供基礎架構……並且坦然面對挑戰。硬分叉就是對這種挑戰的妥協。」

當天，一位自稱是駭客代理人的人出現在 The DAO 的網路聊天頻道中，他表示，駭客將拿出 100 萬個以太幣和 100 個比特幣，獎勵那些反對硬分叉方案並堅持原先規則的節點。隨後，一封自稱來自駭客的公開信表示：「任何分叉，不管是軟分叉還是硬分叉，都會極大地傷害以太坊，都會摧毀它的聲譽。」

情況陷入了僵局：一邊是以太坊社群的爭議不斷，無法達成共識；另一邊是駭客即將提取盜竊而來的資產。由於時間緊迫，儘管爭論仍在繼續，但是技術團隊同步在做相關的準備，多個以太坊開發團隊創建了允許節點自行決定是否要啟用硬分叉的用戶端，各個節點可自行做出選擇。

2016 年 7 月 15 日，以太坊社群就硬分叉方案在區塊鏈上發起了非正式的投票。具體過程是，以太幣持有人將自己的以太幣發送到一個特定的智慧合約位址中，贊成和反對各對應一個位址（無論發送到哪個位址，全部資產都會被智慧合約立即退回，但會被計數）。投票結束後，發起人會分別統計發往兩個位址的以太幣數量，並由此得到投票結果。當時，共有大約 450 萬個以太幣參與了投票，其中 87％支持硬分叉方案。於是，2016 年 7 月 20 日（區塊高度 1920000），以太坊的硬分叉正式實施。

　　但是，以太坊社群內依舊存在對本次硬分叉升級方案的不同意見，有一些節點堅持自己的觀點，拒絕參與硬分叉升級。這導致以太坊實際上分化成了兩條鏈，這兩條區塊鏈代表著不同的社群共識（見圖 6-1）。一條是進行了硬分叉升級後的區塊鏈（這條鏈繼續被稱為「以太坊」）。支持這條鏈的節點認為，駭客攻擊的行為是違法且不道德的，嚴重威脅了整個以太坊生態，他們必須要採取行動還擊。另一條是拒絕了硬分叉的區塊鏈（這條鏈被稱為「以太坊經典」或「以太經典」，英文名稱是 Ethereum Classic，縮寫為 ETC）。他們認為，區塊鏈的精神就是去中心化，用修改底層代碼的方式改變鏈上資訊的行為是破壞去中心化原則的嚴重問題。

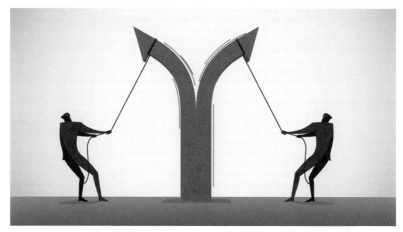

圖 6-1　硬分叉方案最終使以太坊分裂為兩條區塊鏈
（圖片來源：視覺中國）

現在，這兩條區塊鏈還都在正常運轉。支持硬分叉的那條區塊鏈得到了以太坊基金會（持有以太坊的商標）和絕大多數節點的支持，其影響力遠大於以太坊經典，因此被繼續稱為以太坊區塊鏈。但以太坊經典同樣保持著一定的活力，發展出另一套生態。這就是以太坊在早期被迫硬分叉的故事，也是社群組織集體決策、處理分歧的一個重要實踐案例。

當時，技術缺陷導致了那麼大的危機，又引發了那麼多的爭端，整個解決過程看起來比較混亂，最後居然以項目分裂告終。這似乎並不是一個成功的案例。在後來的發展過程中，以太坊再也沒有為了解決應用層次的錯誤而修改過區塊鏈底層的代碼。我們不想評價以太坊的孰是孰非，而是希望透過這個「極端」的案例，讓讀者了解以太坊社群的運作機制。因為就是這樣一個主要依靠社群成員（包括基金會成員、節點營運者、代幣持有者、程式開發者和用戶等很多角色）共同治理的極為龐大且複雜的全球性社群組織，一直創造著讓我們感到驚奇的輝煌成就。

在 The Dao 事件後的不到兩年，以太坊就成長為全球最主要的眾籌平台（以「首次代幣發行」〔ICO〕為主要形式），以太幣市值一度最高達到 1354 億美元。儘管在隨後經歷了泡沫破裂，其市值一度下跌了 93.6％，但在之後又奇蹟般地找到了新的應用場景，即 DeFi，這使得以太坊從 2020 年開始又出現了更大的爆發，並一直保持「公鏈之王」的絕對領先地位。到 2021 年上半年，由於承載了大量的分散式金融活動、數位藝術和收藏品創建與交易、支付活動，以

太坊區塊鏈變得極為繁忙和擁堵，以太幣市值又一次創出新高，接近
5000 億美元。2021 年，以太坊的獨立位址數（可近似理解為註冊用
戶數）突破 1.8 億個關口，日均活躍地址約 43.81 萬個。全年以太坊
鏈上結算累計次數約為 3.45 億次，鏈上結算總額約為 11.41 億枚以太
幣，約為 4022 億美元，全球節點數最高一度達到 12451 個。毫無疑問，
以太坊已經是一個在全球經濟中扮演重要角色的網路基礎設施，社群
成員共同續寫了以太坊的輝煌傳奇。我們不得不承認，社群的力量比
我們想像的要大得多。

以社群為基礎，分散協同創造價值的組織方式在 Web1.0 時代
就已經出現，典型代表是維基百科。2000 年，吉米・威爾斯（Jimmy
Wales）和拉里・桑格（Larry Sanger）合作開發了免費的線上百科全
書 Nupedia，該百科全書的條目全部由具有專業背景的專家和學者編
寫。該項目在耗費了 18 個月的努力並花費了 25 萬美元後，僅換來
了 12 個詞條。於是，威爾斯決定採取 1995 年沃德・坎寧安（Ward
Cunningham）創造的 Wiki（維基）技術，創建一個人人可參與編寫
的新型態「百科全書」。Wiki 技術是一種允許多人對文本進行瀏覽、
創建、更改的協作式寫作技術。每個人既是讀者，又是作者，可以與
互聯網上的其他人合作創作內容。2001 年 1 月 15 日，維基百科正式
問世。根據團隊原先的設想，維基百科可能要 10 年才能達到《大英
百科全書》8 萬詞條的規模，但實際上僅用了 3 年就突破了 10 萬詞條，
並且還在以驚人的速度持續增長。20 年來，維基百科吸引了全球無
數的志願者共同建構這座偉大的知識寶庫。

　　維基百科的誕生和崛起，是社群分散式協同創造價值的另一個重要案例，但它和以太坊社群還是有很大的不同。維基百科是非營利社群，依靠志願者，仰賴「我為人人、人人為我」的互惠精神；以太坊則是在開源技術社區的基礎上，以以太坊代幣為基礎建構了一個精巧的經濟體系，激勵所有的參與者按照規則參與協作，也就是在社群中疊加上了「內部資本」（Internal Capital）。因此，我們把類似以太坊這種有著內部資本和經濟模型的社群稱為「經濟社群」。

　　在人類協作的歷史上，出現過多種型態的組織，但是大多數的組織以「官僚制」的金字塔結構為基礎，需要依靠自上而下的治理機制才能運行。那些扁平化的、共同治理的機制往往是較為低效的。到了互聯網時代，同樣是在分散式的治理機制下，為何像維基百科、以太坊社群這樣的社群組織，卻可以實現持續的運轉並創造巨大的社會與經濟價值？理解這個問題可能是我們理解元宇宙時代新的協作方式和組織形式的關鍵。

數位貢獻引發價值分配革命

　　2020 年 5 月 5 日，許多人打開了自己熟悉的網路文學網站，追看自己訂閱的網路小說的更新。通常，網路小說作家的更新都會非常準時，但有些讀者發現這一天的更新並沒有如期而至。原來，前一天，

一些網路文學知名作者呼籲將 5 月 5 日作為「五五斷更節」，他們要用這樣的方式發出對網路文學平台閱文集團的不滿聲音。這是混亂的一天，甚至出現了一些「奇葩」的事件。比如有網友發現，中國知名網路文學平台公司閱文集團旗下網文網站上許多作品都整齊劃一地在 5 月 5 日零點之後的幾分鐘進行了更新。有人爆料稱，那是因為網站涉嫌擅自修改作者實際更新的時間，將 5 月 4 日晚 11 時更新的時間顯示為 5 月 5 日零點之後。網站還出現了在 5 月 5 日凌晨 1 點多將作者草稿箱中的章節自動更新為正式篇章的情況，對此網文作者「費米」寫道：「閱文你是真牛，我不發稿子，你親自上陣把我後台草稿箱裡的稿子發了。」

在網路文學市場中，網文作者主要透過付費閱讀模式獲取收入，也就是以章節或是千字為標準向讀者收取費用，斷更就意味著自斷收入。在新的網文層出不窮的時代，一次斷更就有可能失去大量訂閱讀者。那麼，為何會出現作者在這一天集體斷更的情況？這與閱文集團與網文作者的新合約有關。2020 年 4 月底，閱文集團管理層「大換血」，對網文作者合作體系也隨之進行了調整。在新合約中，一些條款被網文作者視為「霸權條款」，這些條款可能會損害作者的著作權，還存在主打免費閱讀、降低利潤分成等影響作者權益的情形。這引起了網文作者的極度不滿。在「五五斷更節」事件後，閱文集團重新與網文作者溝通，對合約進行了重新協商。

互聯網平台會不時爆發類似的事件。2021 年春節期間，中國兩大網路外賣平台之一的餓了麼為了留住和激勵外送員，推出了「暢

跑」春節優選系列賽的活動,一共七期,總時長為 49 天。外送員如果在此期間能完成平台要求的接單量,最終就可以拿到 8200 元的獎金。這些錢相當於很多外送員一個月的收入,非常有吸引力,不少外送員參與了這場活動。然而,這 8200 元並不是隨隨便便就可以拿到的。在這個活動剛開始時,平台對配送單的數量要求不高,外送員相對比較容易達成。但在最後兩期,平台突然修改了規則,設下了幾乎不可能完成的任務。有外送員反映,即使每天送 12 個小時外賣,都無法完成任務。因此,大部分外送員根本沒有機會拿到 8200 元的獎勵。為了這些獎勵,許多外送員犧牲了春節和家人相聚的機會,可是眼看著就要達成目標,卻因為平台臨時變更規則讓希望落空。

衝突並不只發生在平台與個人之間,也可能發生在大小規模有差異的商業主體之間。十年前發生過一次所謂的「淘寶圍城」。2011 年年底,阿里巴巴公司旗下的淘寶商城在改名為「天貓」前,突然宣布招商新規:將商家的保證金從原來統一的 1 萬元標準提升為 5 萬元、10 萬元、15 萬元三檔,將技術服務費從統一的每年 6000 元提升到 3 萬元和 6 萬元。這直接將大部分中小賣家趕出淘寶商城。對此,這些中小賣家極度不滿,有 3000 多個中小賣家「圍攻淘寶商城」。具體的方式是,將大商家的貨品購買到下架,要求送貨上門但是拒收。中小賣家用這種非常規的方式反抗平台新規。這些中小賣家認為,早期自己為淘寶平台的崛起提供了寶貴的貨源,為平台導入了大量買家,但現在他們卻成為規則改變下的「棄子」。

在 Web 1.0 後期和 Web2.0 時代,各種互聯網的平台不斷湧現,

「平台經濟」的商業模式也越來越成熟。在這些互聯網平台上，除了傳統公司具備股東、管理層、員工等角色之外，還出現了一類重要的參與者，比如淘寶賣家、外送員、網約車司機、微信自媒體、網文作家和抖音網紅等等。他們是互聯網平台上的新勞動者，是平台重要的組成部分，還提供了平台賴以發展的生產要素和核心資源。例如，淘寶賣家為淘寶提供了大量商品，外送員為外賣平台提供了運力，網文作家為網文網站提供了優質作品，網紅為短影音平台提供了影片和直播內容。他們使用互聯網平台搭建的基礎設施和客戶資源，以某種比例與平台進行交易分成。他們大多以眾包的身分從事這些工作，其身分介乎於勞動者和個體戶之間的模糊狀態。他們與互聯網平台是「雙向賦能」的共生關係。我們把這類群體稱為「數位貢獻者」。隨著互聯網平台經濟的發展，數位貢獻者已經越來越常見，這個群體也越來越壯大。

平台經濟的一個基礎性經濟規律叫作「梅特卡夫定律」（Metcalfe Law）。這個定律認為，網路的價值與節點數的平方成正比。也就是說，節點數越多，網路價值越高，兩者呈現指數級增長關係。互聯網平台也是網路，也遵循這個規律。數位貢獻者就是平台網路中最關鍵的節點，這意味著他們其實是平台價值的關鍵創造者。但他們面臨的處境是，只能被動接受平台規則，無法參與平台治理，更無法參與平台價值分配，甚至他們所創造的直接利潤也越來越多地被平台獲取。

前面提到的那些衝突表面上看是分配的問題，深入看是誰可以參與平台治理的問題，即平台價值權屬和組織方式的問題。這些矛盾

在互聯網平台經濟時代普遍出現，說明目前互聯網平台的治理、分配、組織機制與其價值創造邏輯並不完美相符，價值的創造者得不到應有的回報。這是因為，儘管很多互聯網公司的商業模式是平台經濟，但其組織方式仍然是公司制，奉行的仍然是「股東至上理論」。該理論認為，股東投入的資本在價值創造過程中扮演著最關鍵的角色，因此應該獲得最大化的利益分配。我們認為，與股東至上主義相符合的是工業經濟時代的生產邏輯。到了資訊經濟時代，價值創造來源已經發生變化，員工所貢獻的創意因素對於公司價值來說越來越重要。到了平台經濟時代，每一個平台的成功都來自資本、創業者、員工以及數位貢獻者等所有參與方的共同努力，這些參與方共同構成了整體生態。如果僅有資本投入，沒有數位貢獻者的參與，那麼即使砸再多的錢，平台也不可能形成網路效應，也就沒有價值。數位貢獻者已經成為平台價值的主要創造者，但這些平台在組織方式和分配邏輯方面存在滯後性，數位貢獻者無法合理地參與平台價值的分配，也完全沒有參與治理的可能。

我們認為，目前以公司制為核心的生產關係，已經無法匹配數位經濟生產力的發展，甚至成為一種制約因素，改變互聯網平台的組織和分配模式已經成為當務之急。平台的員工可以透過選擇權等方式參與平台價值分配，但是由於數位貢獻者人數多、流動頻繁、貢獻差異很大，所以平台很難使用股票和選擇權的方式對他們進行激勵。平台要開放、即時、精準地激勵數位貢獻者，讓他們得到應得的回報，也就是想要實現更好、更公平的平台價值分配模式，關鍵是需要找到

一個可行的價值分配機制。

　　從實踐案例來看，基於區塊鏈、智慧合約和數位資產的智慧化分配模式可能是一種可行的分配機制。當前一個代表性的實驗模式就是所謂的「收益農耕」（也被稱為「流動性挖礦」）。[16]

收益農耕開創平台價值分配新模式

　　收益農耕就是一種基於區塊鏈智慧合約而實現的自動化、定量化、透明化、即時化的平台價值分配機制，目前在 DeFi 領域已有廣泛應用。在 DeFi 領域，收益農耕典型的具體模式是，一些使用者按照平台的要求，鎖倉質押相應的數位資產，為平台提供流動性（這個時候，這些使用者成為數位貢獻者），每隔一小段時間就可以獲取系統透過智慧合約發放的數位資產（作為獎勵）。這些數位資產實際上是平台價值的代表，這就實現了對數位貢獻者的價值分配。收益農耕由開源自動化交易工具 Hummingbot 首次推出。第一個採用此機制的 DeFi 項目是合成資產應用 Synthetix。2020 年 6 月，分散式借貸平台 Compound 開始採用此模式。2020 年下半年，這個模式開始流行，並逐步成為 DeFi 項目的標配。

---

16 收益農耕（Yeld Farming），雖然這個詞中包含了農耕，但實際上和農業沒有什麼關係，只是一種比喻。

　　我們以 Compound 為例，具體探討收益農耕的機制。Compound 是一個以智慧合約為基礎的全自動化分散式借貸平台。[17] 使用者可以在該平台上存入或者借到數位資產。所有的借貸活動都透過智慧合約完成，不受任何人為干預，任何人都沒有許可權挪用存入的資產，借貸利率由演算法自動調節。存款人可以向平台存入數位資產並獲得利息，由於平台基於智慧合約，全部借貸流程為自動化，平台不可能「跑路」，所以用戶幾乎不會面臨信用風險。[18]

　　對於借款人而言，Compound 平台也大大降低了借款的門檻。由於該平台上的借貸全部為「質押貸款」（任何人在借款前都需要存入其他的數位資產作為質押物），完全靠質押物控制風險，所以並不審核借款人的還款能力等信用情況，貸款效率極高。質押物的安全由智慧合約保障，借款人同樣不必承擔交易對手的信用風險。相比於汽車、原物料等質押物，數位資產價格透明，智慧合約可以隨時獲取質押物的即時公允價值，一旦質押物價格下跌到某一水準，智慧合約就會立即進行清算，可以充分保障存款人的資產安全。利息的收取等其他流程也全部由智慧合約全自動處理，因此在搭建好系統之後，借款規模增長的邊際成本極低。

---

17 由於數位資產並不是貨幣，所以 Compound 上的借貸本質上是「以物易物」，和我們生活中的借貸概念並不相同，後面所說的借款、借款人、存款、出借人也都是比喻性的說法。

18 當然存在很多其他的風險，比如駭客攻擊帶來的技術風險以及資產波動帶來的市場風險等。此外，有些 DeFi 協定可能會存在程式後門，程式的開發者有監守自盜的可能性，這就是第三方安全審計公司對於智慧合約的代碼審計報告來說變得極為重要的原因。

因為 Compound 平台自身不存在信用風險，所以平台沒有採用點對點的借貸模式，而是採用了流動性資產池的模式。流動性資產池是一種集中鎖定某種數位資產的智慧合約，平台透過流動性資產池將存款人存入的數位資產集中起來，再將這些資產貸出。因此，平台想要發展，就需要獲得更大的流動性資產池規模和貸款規模，以實現資產整體規模和使用效率的最大化。由此來看，存款和借款都是支援 Compound 發展的核心資源，而存款人和借款人都是該平台重要的數位貢獻者。

為了激勵這些參與者，Compound 採用收益農耕的模式來公平分配平台價值，以激勵他們存入或借出更多數位資產，從而提升整體的資產規模和使用效率。因此，無論是在該平台存款還是借款，使用者都可以每隔一段時間自動獲得系統獎勵的 COMP 代幣，具體獎勵額度與存入或者借出的資產規模有關。每日平台分配約 2880 個 COMP 給所有的存款人和借款人。因此，一個使用者的存貸資產規模越大，他可獲得的 COMP 就越多。COMP 是 Compound 經濟社群的「治理代幣」，基於區塊鏈發行。用戶享有參與提案投票等治理權力，在得到獎勵的 COMP 後，他們就可以對項目的更新建議進行投票，也可以將 COMP 轉讓給其他人。

在 Compound 發展早期，由於平台內的資金量不大，每個早期的用戶能夠得到的 COMP 數量較多，所以出現了到平台借款反而可以獲利的情況（因為獎勵獲得的 COMP 價值大於借款利息）。該治理代幣的價值與平台的價值基本錨定。2020 年 6 月，COMP 代幣的

市值僅為 6 億美元左右，而到了 2021 年上半年，其市值最高達到 43 億美元。治理代幣的價值也隨之水漲船高，這樣一來，那些早期用戶的實際收益就會遠遠高於當初計算的收益。隨著時間的推移，因為平台流動性池規模越來越大，即使存貸相同價值的數位資產，使用者能夠獲得的 COMP 數量也會大幅下降，市場波動幅度也比較大。目前，該平台的數位貢獻者能夠獲得的實際收益並不算太高，但至少能持續獲得平台的價值分配以及分享平台的長期成長成果。

我們從 Compound 的案例中能看到，基於區塊鏈智慧合約的收益農耕模式讓那些使用者既能得到利息收益（交易利潤），又能參與平台價值分配（長期價值）。這或許可以為解決平台經濟帶來的分配不公等問題找到解決方案。與公司制下的選擇權制度相比，收益農耕的分配模式有幾點變化。第一，以治理代幣等新型數位資產為價值分配的載體，不僅僅分配某一個時間段內的「利潤」，更分配了平台未來長期價值，實現「收入即分紅」，讓數位貢獻者與平台形成「共生」關係。第二，分配過程基於智慧合約，完全根據每個人的貢獻程度進行定量化、自動化地分配，分配過程透明、公平、開放。在未來的元宇宙中，人人都可以成為某個平台生態的數位貢獻者，我們必須找到更好的價值分配方式，收益農耕或許已經給出了值得我們進一步探索的原則和方向。

在元宇宙時代，在很多業務展開和價值分配都可以由智慧合約自動化執行的情況下，公司這種組織方式存在的價值會非常有限。因此，「公司制」很可能會在元宇宙時代逐步消亡，而「經濟社群」則

可能逐步成為主流的組織方式。志同道合的朋友可以很容易地組成經濟社群，這種社群會非常開放，每個人都可以用非常簡單的方式參與其中，可以貢獻自己力所能及的力量，並以此參與社群價值的分配。

這種開放、公平、透明、共生的組織方式與區塊鏈智慧合約等自動化工具結合，不僅僅能夠增加協作效率，還能夠擴大協作範圍，擴展協作深度，創造協作價值，持續吸引更多的資源加入其中並貢獻力量，使得整個社群實現健康擴展，持續擴大網路規模，帶動價值進一步增長，從而形成正向循環的「飛輪效應」。Compound 並不是一個特例，自從 2020 年 DeFi 和收益農耕興起以來，在國外，類似的經濟社群如雨後春筍般大量出現，並迅速發展壯大。經濟社群的組織邏輯和發展價值已經被成百上千次驗證。

我們認為，公司制的衰落和經濟社群的興起，也會使組織目標從過去的股東價值最大化、公司價值最大化轉變為社群生態價值最大化，並進一步開創更公平、更普惠、更可持續的數位經濟新模式。

DAO 將成為經濟社群的重要治理模式

治理權的合理安排對公司長期發展至關重要。2013 年，阿里巴巴計畫在香港上市，但由於當時港交所的上市制度並不接受其採用雙層股權結構，所以阿里巴巴只能放棄在香港上市的計畫，並於 2014

年 9 月 19 日在美國紐交所上市。在阿里巴巴上市大獲成功後，時任港交所行政總裁李小加多次在公開場合表示對錯失阿里巴巴感到遺憾。為了避免再次出現類似情況，港交所在 2018 年 4 月 24 日修改原有上市制度，接受雙層股權結構的公司上市，隨後就迎來了小米和美團兩家互聯網巨頭在港股的上市申請。

雙層股權結構是指資本結構中包含兩類或者多類代表不同投票權的股權架構，一般被概括為「同股不同權」，其中的「權」指的是投票權，是一種重要的治理權力。風險投資是互聯網平台重要的發展動力，但是在一家公司經歷多次股權融資後，創始團隊的持股比例有可能被嚴重攤薄。因此，大多數互聯網公司為保護公司創始團隊的控制權，傾向於採用 AB 股的雙層股權結構。一般來說，A 類 1 股有 1 票投票權，B 類 1 股則有 N 票投票權。公司對外部投資者發行 A 類股，對創始人或管理層發行 B 類股。例如，在小米上市前，創始人雷軍和總裁林斌持有具有較高投票權的股票。[19] 其中，雷軍的持股比例為 31.41％，投票權為 53.79％；林斌則持有 13.32％的股份，投票權為 29.67％。「同股不同權」的 AB 股架構可以將治理權和收益權拆分，這樣既能讓投資人和骨幹員工廣泛參與平台價值分配，又可以確保公司的創始團隊保有對公司的控制權，進而更好地發揮企業家精神，保持戰略的連貫性，提升決策效率。

正如我們前面討論的，元宇宙時代將出現更好的價值分配和組

---

19 小米公司對兩類股票的命名比較特別，A 類股被定義為擁有多票投票權的股票，A 類股持有人每股可投 10 票，而 B 類股持有人每股可投 1 票。

織方式，經濟社群將崛起。隨著組織方式和價值分配模式的優化，治理機制也必須隨之優化。我們可以讓數位貢獻者真正參與到平台的治理中，使平台的規則更加公平、透明、有效，從而從根本上調動數位貢獻者的積極性，強化數位貢獻者和平台的共生關係，提升平台整體效能。收益農耕的一大特點就是，把治理權盡可能公平地分配給社群中的數位貢獻者，從而形成一種社群動態制衡的經濟治理機制。DAO 在這種需求下應運而生，它是一種基於區塊鏈的智慧合約，在共用規則下以分權自治形式完成決策，並讓與決策對應的行動透過程式自動執行的社群治理模式。[20]

　　DAO 的運轉往往基於智慧合約和數位資產實現。DAO 在區塊鏈項目社群治理中已經非常常見，大致可分為協議層治理、應用層治理和治理工具三大類。協議層治理的代表是波卡（Polkadot），社群成員集體對整個協議的發展進行決策。應用層治理則以 Maker DAO（見圖 6-2）為代表，社群參與者可以對協議運行的關鍵參數進行投票。治理工具的代表則包括開源治理投票平台 Snapshot、DAO 的部署平台 Aragon 等。

　　DAO 屬於經濟社群的一種治理模式，因此和公司制下的治理模式有明顯差異。首先，DAO 通常沒有實體組織，往往在開始的階段就會形成全球性和分散式的經濟社群，其運轉往往以社群約定的治理規則為標準；而公司往往由少數的股東和創始人發起，主要依靠公司

---

20 DAO 是一種治理模式，而在本章開頭提到的 The DAO 是這種機制下的一個具體應用項目。The DAO 在駭客事件後解散，並未真正發揮過作用。請勿將兩者混淆。

章程和管理制度運行。其次，在 DAO 中，治理權力被分散到每一個
社群成員手上（主要以持有相應的數位資產為標誌），並透過投票的
形式參與決策和規則制定，管理方式屬於「自下而上」；而傳統公司
往往具備明確的層級結構，公司的治理和管理權歸屬於董事會和管理
層，管理方式更傾向於「自上而下」。

圖 6-2　Maker 協定是最早實踐 DAO 組織方式的其中一個項目
（圖片來源：Decentraland）

　　當然，目前 DAO 也存在局限性。由於 DAO 的決策執行通常由
代碼修改的方式實現，所以更適用於數位領域的組織管理（特別是針
對一個電腦程式的管理，大部分成功案例都在這個領域），但不一定
廣泛適用於物理世界的實體組織。但我們樂觀地期待，隨著元宇宙時
代的來臨，產業和組織加速數位化，DAO 也有望實現大規模應用。

　　那麼，在 DAO 中，治理模型該如何進行有效搭建呢？對此，不

同的經濟社群有不同的看法。波卡傾向於項目方和社群成員共同努力建構生態，以促進整個社群生態的發展和平衡。波卡是由以太坊聯合創始人、《以太坊技術黃皮書》作者林嘉文（Gavin Wood）博士創立的區塊鏈基礎設施。

　　波卡的治理規則核心是數位資產 DOT 代幣。DOT 持有者可以在社群治理中擁有諸如發起公眾議案、改變議案順序、針對所有生效議案投票、選舉理事會成員和申請成為理事會候選人等權利。理事會是波卡為了代表那些沒有主動參與治理的社群成員而引入的治理機構，由 DOT 持有者選舉而來，最終固定為 24 位成員。理事會的主要任務包括提出理事會議案、否決危險或惡意的議案以及選舉技術委員會三項。治理結構中的另一個重要角色是技術委員會，由波卡的官方技術團隊組成，同時受到理事會的制約。技術委員會不能發起議案，但是有權在投票結果出來後加速執行。

　　在波卡中，所有關於項目生態發展的治理決策均從議案開始。除了緊急議案外，議案必須在社群成員投票通過後才可執行。議案可以由社群成員提出（公眾議案），也可以由理事會提出（理事會議案）。在公眾議案中，得到最多支持的議案（以鎖定最多數量 DOT 為標準）具有投票資格；在理事會議案中，全員或多數理事會成員通過的議案具有投票資格。如果出現緊急情況，那麼技術委員會可以和理事會一起提出緊急議案。波卡的議案投票每 28 天進行一次，DOT 持有者可以對公眾議案和理事會議案輪流進行投票。

　　波卡的 1 號議案是關於開啟鏈上轉帳功能的，屬於完善主網功

能的議案。2020 年 7 月 21 日，在波卡理事會選舉成功後，林嘉文在理事會聊天室中發起了關於啟動 DOT 轉帳功能的討論。理事會提出議案後，就進入投票階段。DOT 持有者可對議案進行投票（支持或否決）。當投票結束後，技術委員會負責執行新版本程式的編寫和升級，也就是將議案變成現實。透過 DOT 持有者、理事會、技術委員會三大角色對社群進行分散式治理，社群逐步成長為一個共生系統，讓每一個社群成員都真正擁有生態的治理權。

有效的治理方式也會加快項目生態的發展。為了推動更多項目快速升級，波卡還設立了財庫，以管理社群公共擁有的數位資產，並對波卡生態的項目進行經濟上的支持。一個社群的財庫就相當於公司的財務部門，但它持有的所有數位資產屬於整個社群。波卡財庫是透過交易費用、Slash 懲罰 [21] 等方式籌集的資產池，任何 DOT 持有者都可以提交支出議案，以申請獲取財庫中的 DOT（見圖 6-3）。財庫的支出和使用由理事會來管理，只要得到理事會的批准，社群成員和開發者就可以在很短時間內獲得資產支持，用於生態項目的開發，從而進一步促進波卡生態的繁榮。

在波卡社群中，各類議案覆蓋的範圍非常廣泛，例如基礎架構部署和營運、相關非營利組織設立、軟體發展升級、生態項目集成發展以及社群活動等等，各方面的議案都有被提出並順利通過的案例。

---

21 Slash 意為削減，是針對在網路中作惡驗證者的一種懲罰機制。例如，驗證者在網路中離線、攻擊網路以及運行修改過的軟體等，都會被懲罰並失去一定比例質押的 DOT。

我們從波卡的 DAO 治理實踐中就能發現，無論是財庫資金的使用（預算問題），還是項目技術的升級（戰略問題），抑或具體參數的調整（技術問題），都可以透過 DAO 治理機制進行決策，以推動所有利益相關者（特別是數位貢獻者）參與生態的治理和建構，從而推動生態價值的增長。

　　DAO 治理的本質是在經濟社群中充分尊重所有成員的意見。好的治理機制對於社群生態價值持續增長至關重要。在元宇宙時代，整個社會的協作關係有望發生根本性的變化，全球協作的廣度和深度會迅速擴展，以 DAO 為基礎的全球性協作體系將逐步建立，從而釋放出巨大的價值。

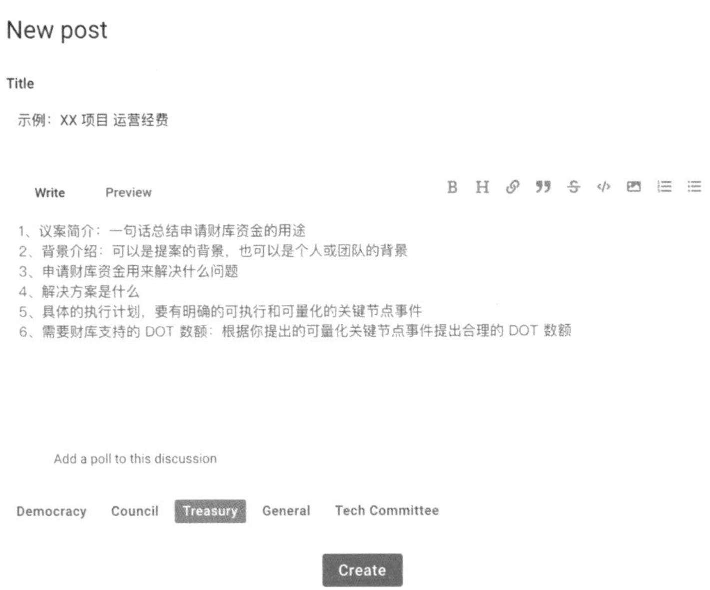

New post

Title

示例：XX 項目 运营经费

Write　　Preview　　　　　　　　　　　　　　B H ⌗ ❞ S ⟨⟩ ▱ ☰ ☰

1、议案简介：一句话总结申请财库资金的用途
2、背景介绍：可以是提案的背景，也可以是个人或团队的背景
3、申请财库资金用来解决什么问题
4、解决方案是什么
5、具体的执行计划，要有明确的可执行和可量化的关键节点事件
6、需要财库支持的 DOT 数额：根据你提出的可量化关键节点事件提出合理的 DOT 数额

Add a poll to this discussion

Democracy　Council　Treasury　General　Tech Committee

Create

圖 6-3　波卡支出議案申請範例（圖片來源：Polkassembly）

第七章

趨勢 4：
重塑自我形象和身分體系

——元宇宙中數位形象映射自我認知，數位身分大普及

設計屬於自己的數位形象，往往是人們進入元宇宙做的第一件事。數位形象綜合反映了一個人的興趣、審美、熱情、夢想等諸多心理因素，比物理世界中的實際樣貌更能反映一個人心目中理想的自我形象，是一種深層次的自我認知在數位世界中的投射。因此，隨著數位生活與社會生活的進一步融合，以及我們的日常生活全方位地向元宇宙遷移，數位形象也將成為我們主要的社交形象。

　　數位形象只是元宇宙中數位身分的外在表現型態。**數位身分是元宇宙中一切數位活動的基石**，每個人都將擁有一個具有通用性、獨立性、隱私性的數位身分。數位身分可打通身分、數據、信用和資產體系並逐步與現實身分融合，從而保障我們在元宇宙中的美好生活。

元宇宙裡賣頭像也可以是大生意

2021 年 5 月，在全球頂級的拍賣行佳士得的一場拍賣會上，拍品不是珍貴的珠寶或古董，而是九個純數位化的加密龐克 NFT，如圖 7-1 所示。這次參與拍賣的 NFT 包括三個女性頭像和五個男性頭像，還有一個處於中間位置、擁有藍色皮膚的「外星人」頭像。令人驚訝的是，這九個頭像 NFT 最終以 1696 萬美元的總價拍賣成交。儘管成交價格令人咋舌，但仍有一些分析人士認為，在其中包括了一個極為稀有的「外星人」頭像的情況下，這算是比較合理的價格。

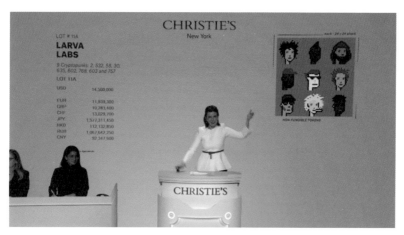

圖 7-1　加密龐克 NFT 在佳士得拍賣（圖片來源：佳士得）

2021 年 6 月，在蘇富比的線上拍賣活動上，一個編號為 #7523 的加密龐克 NFT 的成交價達到 1175 萬美元，創下單個加密龐克的歷

史成交紀錄。截至 2021 年 8 月 21 日，加密龐克的歷史成交量已經達到了 10.9 億美元，最便宜的一個加密龐克將近 17 萬美元。[22] 這些像素風格的頭像為何能賣出數十萬美元或上千萬美元的高價？

加密龐克頭像是約翰・沃特金森（John Watkinson）和麥特・霍爾（Matt Hall）創造出來的。2005 年，曾經是大學同學的約翰和麥特一起創辦了 Larva Labs，他們最初的主要業務是開發一些手機遊戲。2017 年，他們開發了一款像素頭像生成器（可以製作很多有趣的像素頭像），但他們並沒有想清楚如何使用這些頭像。隨後，以太坊區塊鏈進入了他們的視野。他們想，用區塊鏈來保存並交易這些像素頭像可能是一個有趣的主意。

於是，約翰和麥特兩個人設定了一系列的屬性（比如物種、性別、膚色、髮型、配飾等），並把各類屬性隨機組合，生成了 1 萬個尺寸為 24×24 像素的頭像。每個頭像都有自己獨特的屬性，每種屬性也都有對應出現的機率。頭像有男人、女人、外星人、猿猴等物種屬性，其中外星人是最稀有的，總共有九個。這些頭像的靈感來源是 20 世紀的密碼龐克（Cypherpunk）運動，密碼龐克社區也是比特幣和區塊鏈誕生地，因此他們將這 1 萬個像素頭像命名為「加密龐克」（見圖 7-2）。

22 Larva Labs. CryptoPunks Overall Stats[DB/OL]. 2021-08-21[2021-08-21]. Https://www.larvalabs.com/cryptopunks

圖7-2　加密龐克頭像（圖片來源：Larva Labs）

　　他們把所有頭像組合成一張大圖，然後將這張圖片的雜湊值儲存在以太坊區塊鏈上，接著發行了對應的數位資產，也就是現在人們常說的NFT。由於加密龐克的發行時間比較早，當時區塊鏈上還沒有NFT的標準，所以他們採用了修改後的ERC20標準來發行這些數位資產，但是基本符合NFT的特徵，屬於在NFT領域最早的探索嘗試。這件事後來啟發了ERC721標準的建立，具有很強的歷史意義。

　　在全部的1萬個加密龐克頭像NFT中，約翰和麥特從智慧合約中領取並保留了1000個，並將剩下的9000個在網上供網友免費認領。只過了一週左右的時間，這些頭像就被認領一空。隨後，他們便開放了基於區塊鏈智慧合約的交易功能，經過幾次升級，相關的交易機制就比較完善了。買家可以對某個加密龐克NFT進行出價，出價的資金會被鎖定在智慧合約中，如果賣家接受這個價格，智慧合約就會將這筆資金自動轉到賣家帳戶，同步將這個加密龐克NFT轉到買家帳戶，現在大部分NFT的交易也延續了這個機制。目前，加密龐克這個項目的智慧合約代碼已經非常成熟，其去中心化的特點越來越明顯，開發團隊已經不再參與項目的營運，即便開發團隊Larva Labs關

閉，這 1 萬個加密龐克頭像 NFT 依舊可以正常使用與流轉。

2021 年，加密龐克 NFT 吸引了全世界越來越多的目光，很多名人和知名機構將自己的社交帳戶頭像換成了自己擁有的加密龐克。加密龐克被蘇富比和佳士得這樣的傳統大型拍賣行組織拍賣，參加過巴塞爾藝術展，還被邁阿密當代藝術學院（ICA）等大型美術館收藏。加密龐克頭像的火爆是多個深層原因共同作用的結果。

首先，具備歷史性的稀缺性與特殊價值。作為在 NFT 領域探索的首個項目，加密龐克開啟了 NFT 這個極為重要的區塊鏈應用方向，開創了 NFT 的交易機制，啟發了 NFT 標準協定的確立，激發了當代加密藝術（CryptoArt）風潮，因此具有劃時代的開創性意義和歷史價值。加密龐克甚至可以認為是見證元宇宙歷史發展的「數位古董」。現在，任何人都可以繪製一批像素頭像並在區塊鏈上發行 NFT。這確實不難，但是誰也不可能「穿越」回 2017 年，並在加密龐克之前發行一套類似的 NFT。歷史上的破局者永遠只有一個，這是由時間因素決定的最強稀缺性。

其次，區塊鏈技術決定強產權屬性。很多人會有疑問，每一個加密龐克看起來就是一張圖片，可以在互聯網上隨意複製，似乎誰都可以擁有，為什麼還有那麼高的價值呢？的確，誰都可以用「另存圖片」的方法保存一張圖片，並在網路上任意傳播。加密龐克頭像在互聯網上也存在大量的副本流傳，而這其實發揮了傳播的效果，為加密龐克帶來了更高的知名度和共識度。雖然圖像的複製品可以有很多，但是基於區塊鏈和 NFT 的技術特性，每個圖像的最終所有權只會歸

屬於對應的 NFT 持有者，具有絕對的「唯一性」和產權屬性，誰也不可能用複製、貼上的方法創造一個完全相同的 NFT（代碼可以複製，但是時間戳記、加密簽名等要素無法複製）。這就使得人人都可以欣賞這些圖像，但圖像升值帶來的收益只歸屬於 NFT 持有人。區塊鏈在這裡充當了「確權的機器」，讓圖像這樣的數位物件也能輕易確權。此外，發行、交易和流轉資訊全部被記錄在區塊鏈上，歷史記錄清晰可見，圖像無法偽造，總量絕對可靠，產權特別清晰，項目方也無法增發，這就是技術的力量。

最後，具有強大的共識，扮演社交貨幣（Social Currency）的角色。社交貨幣通常指社交過程中的一種身分象徵。簡單來說，那些能夠讓別人感到喜歡、羨慕的事物都可以是社交貨幣。一個產品是否滿足社交貨幣屬性，可以透過七個維度（見圖 7-3）分析：表達自我（Expression）、交流討論（Conversation）、歸屬感（Affiliation）、資訊知識（Information）、實用價值（Utility）、自我認同（Personal Identity）和社會認同（Social Identity）。[23] 在電視劇《三十而已》中，一款愛馬仕稀有的皮包，成為女主角結交上流社交圈的敲門磚，這就是社交貨幣的一個例證。加密龐克在區塊鏈和文化藝術領域具有極為強大的共識，也扮演了社交貨幣的角色。加密龐克有限的發行總量帶來了巨大的稀缺性，每一個持有者都可以透過擁有一個加密龐克來表

---

23 Vivaldi Partners. Business Transformation Through Greater Customer-Centricity The Power of Social Currency [DB/OL]. 2016-09[2021-08-21]. https://vivaldigroup.com/en/wp-content/uploads/sites/2/2016/09/Social-Currency-2016_Main-Report.c.pdf

達自己對「科技＋文化」創新的熱愛。加密龐克在數位世界就是社交身分的一種象徵。

圖7-3 社交貨幣的七個維度（圖片來源：Vivaldi Partners）

圖7-4 柯瑞擁有的猿猴頭像（圖片來源：Bored Ape Yacht Club）

　　加密龐克流行的背後還有著更深層的文化原因。這些頭像可以被認為是一種 meme（迷因，也叫文化基因）。meme 指的是在同一個文化環境下，思想、行為、風格以一種流行的、衍生的方式複製傳播的「文化基因」。特別是在互聯網社群的環境下，meme 變得非常強大。例如，emoji（表情符號）、表情包、顏文字就是 meme 的具象化體現，甚至已經成為我們在數位空間中日常社交不可或缺的工具，具有極強的自我擴散能力，並成為數位世界深層的組成部分。

　　從 2020 年開始，市面上湧現出一批新的頭像 NFT 項目，其中有一些流行了起來，得到了主流收藏界與社會名人的認可。2021 年 8 月，NBA 運動員史蒂芬・柯瑞（Stephen Curry）把自己 Twitter 帳號的頭像換成了一隻「猿猴」。看起來他只是隨意地換個頭像，但這件事在世界各地引發了熱烈討論。這是因為，柯瑞新換的頭像是一隻藍毛的猿猴，這並不是普通的卡通圖片，而是柯瑞用價值約 18 萬美元的以太坊代幣購買的頭像 NFT，它屬於無聊猿猴遊艇俱樂部（Bored Ape Yacht Club，縮寫為 BAYC）。儘管柯瑞作為頂級職業籃球運動員的年薪達千萬美元，但用 18 萬美元購買一張圖片作為頭像還是會讓網友感到好奇的。

　　柯瑞擁有的是編號 #7990 的 BAYC，這也是一個獨一無二的NFT（見圖 7-4）。BAYC 和加密龐克類似，是一套基於猿猴頭像的NFT。BAYC 的發行總量同樣是 1 萬個，每個猿猴頭像各不相同，由一系列屬性組合得到，其屬性包括了獨特的帽子、眼睛、神態、服裝、背景等。

　　現在，頭像代幣 NFT 已經成為了整個數字資產市場中活躍度最高的創新領域之一。根據 Cryptoslam 資料，截至 2022 年 2 月 6 日，在歷史成交額最高的前十名的 NFT 項目中，頭像類的項目占到了六席，這些項目成交總額達到了 51.82 億美元，占前十名總額的比例達到了 45%。

表 7-1 歷史成交額 TOP10 NFT 項目

排名	項目名稱	歷史交易總額（美元）	類型
1	Axie Infinity	$3,943,797,452	遊戲
2	CryptoPunks	$2,001,518,491	頭像
3	Bored Ape Yacht Club	$1,304,608,911	頭像
4	Art Blocks	$1,183,170,699	藝術
5	NBA Top Shot	$898,524,555	體育
6	Mutant Ape Yacht Club	$835,401,859	頭像
7	Meebits	$390,404,633	頭像
8	CloneX	$368,917,168	頭像
9	The Sandbox	$364,027,179	遊戲
10	Azuki	$280,688,908	頭像

資料來源：cryptoslam
資料統計日期：2022 年 2 月 6 日

　　這些熱門的 NFT 頭像專案中，除了加密龐克和 BAYC 之外，還包括變異猿猴（Mutant Ape Yacht Club，簡稱 MAYC）、Meebits、CloneX、以及 Azuki。其中，MAYC 是由 BAYC 衍生出來的 NFT 項目，也被稱為變異猿猴。2021 年 8 月，BAYC 的開發團隊公開發售了 1 萬

個 MAYC NFT，同時向 BAYC 的 NFT 收藏者空投了免費的變異血清（Mutant Serum），這也是一種數位資產，如果收藏者將其與原有的 BAYC NFT 結合，就可以得到一個全新的變異猿猴 NFT。Meebits 和 CloneX 是 3D 的數位形象 NFT，是頭像 NFT 的另一種型態，其中 Meebits 是加密龐克的開發團隊推出的 3D 數位形象 NFT，在下一節中會進一步介紹；CloneX 則是由數位潮流品牌 RTFKT 與日本藝術家村上隆合作推出的 NFT 專案。Azuki 是具有濃郁二次元風格的頭像 NFT，NBA 球星安德烈‧伊古達拉（Andre Iguodala）就曾經將自己的 Twitter 頭像更換為 Azuki 的 NFT 作品（見圖 7-5）。

圖 7-5　NBA 球星伊古達拉使用 Azuki 的 NFT 作品作為 Twitter 頭像
（圖片來源：安德烈‧伊古達拉 Twitter 帳戶）

數位形象是我們在元宇宙中的形象

尼爾‧史蒂文森的《潰雪》不僅第一次提到了 Metaverse，還首次提到了另外一個名詞：Avatar（數位形象，也被稱作數位化身、數位分身、虛擬化身等）。在小說的描述裡，每一個現實世界中的人在元宇宙中都有一個數位形象。還曾有一部電影就使用了 Avatar 作為片名，也就是由詹姆斯‧卡麥隆（James Cameron）撰寫劇本並執導的《阿凡達》。現在，數位形象隨處可見，不管是我們在社交媒體上設定的頭像，還是我們設定的個性簽名，抑或我們在遊戲中使用的人物形象，都屬於數位形象的一部分。

現在幾乎每個人都在使用社群媒體，頭像、簽名這些數位形象在朋友面前出現的頻率可能比我們的真身還要多。這是加密龐克、BAYC 這些頭像 NFT 受到如此追捧的部分原因。一般情況下，我們不需要花錢就可以獲得一個數位形象。我們可以把數位形象的塑造過程，想像成一個在社群媒體上設定頭像或者在遊戲初始階段「捏人」[24]的過程。你會發現，數位形象並不受限於一個人在物理世界中的真實樣貌，更能反映一個人心目中自己的理想化狀態，甚至可以綜合反映一個人的興趣、審美、夢想、熱情，是一種深層的自我認知在數位世界中的投射。未來，數位形象是每個人進入元宇宙中的剛性需求，將

---

24 捏人，也被稱為捏臉，是指在遊戲中使用者根據自己的喜好對數位形象的樣貌進行 DIY（自己動手做）操作。

是元宇宙中每個人的外在形象與社會標識。每個元宇宙居民都需要擁有自己的數位形象。

其實，我們對數位形象並不陌生。很多年前，很多人就透過「QQ秀」這個產品接觸了它。財經作家吳曉波在《騰訊傳》中寫道，當時騰訊第一個產品經理許良在某次閒聊中得知，韓國社群網站Sayclub開發了一個名為「Avatar」的功能。該功能可以讓使用者根據自己的喜好更換人物的髮型、表情、服飾和場景等，這個形象和相關裝扮需要由使用者付費購買，很受韓國年輕人歡迎。許良研究之後向騰訊高層推薦了這個產品。於是，騰訊在2003年年初正式上線QQ秀功能（見圖7-6）。QQ用戶可以用Q幣來購買道具，讓自己客製化的獨特數位形象出現在QQ頭像、聊天室、社區和遊戲中。現在我們回過頭來看當時的QQ秀，或許覺得這些造型有些過時，但當時QQ秀獲得了出乎意料的成功，僅在上線後的前六個月，就有超過500萬使用者為這項服務付費，每位使用者在單次消費中的平均消費金額為5元左右。

QQ秀的出現不僅為使用者帶來了全新的數位形象嘗試，也為騰訊帶來了不菲的收入。2003年年底，QQ推出了「紅鑽貴族」包月制的收費模式，使用者每月支付10元就可以享受多項「特權」，比如可以每天領取紅鑽禮包、每天自動換裝、在QQ商城享有超額折扣，也可以獲得紅鑽標誌，以顯示自己「貴族」的身分。吳曉波在《騰訊傳》中這樣說：「QQ秀的成長史上，『紅鑽』服務的推出是一個引爆點，在此之前，每個月的虛擬道具收入約在300萬元到500萬元

之間，而『紅鑽』推出後，包月收入迅速突破了千萬。」[25]

　　數位形象已經成為我們在數位世界中生活不可或缺的一部分。除了社群媒體外，另一大使用場景就是遊戲。在遊戲世界中，數位形象不僅越來越重要，而且越來越值錢，很多玩家都願意花錢來改變自己在遊戲世界中的形象。據 Sensor Tower（行動應用數據分析公司）的統計，《王者榮耀》在 2021 年 8 月的總收入達到了 2.562 億美元。[26]其中，大部分的費用是玩家用來購買各種皮膚的，這些皮膚其實就是玩家在遊戲中的數位形象。

圖 7-6　QQ 秀曾經風靡一時（圖片來源：QQ 秀）

　　米哈遊公司推出了一款開放世界遊戲《原神》。在 2020 年 9 月正式發布後半年的時間裡，該遊戲行動端玩家的消費便超過 10 億美

25 吳曉波 . 騰訊傳：中國互聯網公司進化論 [M]. 杭州：浙江大學出版社 . 2017
26 Sensor Tower. Top Grossing Mobile Games Worldwide for August 2021[EB/OL]. 2021-09-08[2021-09-10]. https://sensortower.com/blog/top-mobile-games-by-worldwide-revenue-august-2021

元。[27] 在這款遊戲中，玩家可以尋找寶箱，或者透過日常獲取的原石道具來獲取新角色（見圖 7-7）。但透過這些方式，玩家想要獲取到高階角色比較困難。因此，很多玩家為了獲取「五星角色」會「課金」，以獲得寶箱進行抽取。這些角色就是玩家在遊戲中的數位形象，是該遊戲的一大特色，也成為其主要的收入來源。

圖 7-7 諸多與眾不同的角色是《原神》遊戲的特色之一
（圖片來源：米哈遊）

現在，數位形象已經不僅僅局限於 2D 的平面圖像，加密龐克的開發團隊在 2021 年 5 月推出了另外一個 3D 數位形象 NFT 項目 Meebits（見圖 7-8）。和加密龐克一樣，Meebits 也有固定的發行數量，每個形象同樣是獨一無二的，但數量增加到了 2 萬個，加密龐克

27 Sensor Tower. Genshin Impact Races Past $1 Billion on Mobile in Less Than Six Months[EB/OL]. 2021-03-23[2021-09-10]. https://sensortower.com/blog/genshin-impact-one-billion-revenue

和 Autoglyphs（Larva Labs 的另外一個數位藝術項目）的持有者將可免費獲得對應數量的 Meebits，剩餘的將透過拍賣出售。Meebits 是一系列的 3D 人偶數位形象，而且每個都配有自己的專屬動作（T-Pose），未來可以套用到任何元宇宙當中，以作為所有者的數位形象使用，類似於元宇宙中升級版的 3D 加密龐克。

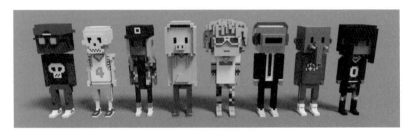

圖 7-8　一些 Meebits NFT 對應的 3D 人物形象
（圖片來源：Larva Labs）

　　互聯網巨頭也日益重視數位形象這個領域。例如，Facebook 旗下的 Oculus 推出了升級版的人物形象設計工具，玩家可以為自己自由設定喜歡的數位形象，而這個數位形象在 Oculus 生態中是通用的，因此可以套用到多個遊戲中。

　　2020 年，微軟開發了一款數位形象資源庫，即 Rocketbox，其中涵蓋了 115 個不同性別、膚色和職業的數位形象（見圖 7-9）。微軟把它作為一個可供免費研究和學術使用的公共資源，將代碼公開並託管到了 GitHub（代碼託管平台），任何人都可以下載使用。

圖 7-9　微軟開發的 Rocketbox 中包含一系列開源的人物數位形象
（圖片來源：微軟）

　　我們在塑造自己的元宇宙數位形象時，不僅可以使用現成的素材，還可以根據自己的實際外貌和內心願望來客製化塑造，甚至可以透過一些工具實現生物形象到數位形象的映射。

　　2017 年，蘋果公司從 iPhone X 開始默認預置 Emoji 表情的升級版——Animoji（動話表情），該功能透過 iPhone 的前置原深感鏡頭，捕捉用戶面部 50 塊肌肉，從而讓這些 Emoji 模擬用戶真人的表情。2018 年，蘋果公司又推出了 Memoji（擬我表情），允許用戶自訂屬於自己的 3D 頭像，並以此生成獨特的表情符號，也可以和真人表情實現同步，更好地將自己的即時情緒傳遞給朋友們。

　　2021 年 3 月，小米發布的新款手機預裝了萌拍 Mimoji 3.0。用戶僅需上傳個人照片，就可以使用該功能生成符合本人特色的數位形象，也可以手動調整臉型、膚色、髮型、裝扮等，還可以透過相機鏡

頭實現即時人臉追蹤，使得數位形象的表情實現與真人完全同步。

這背後就是小米的合作夥伴相芯科技自主研發的 PTA（Photo-To-Avatar）技術，該技術可以讓使用者在數位世界中擁有源於自己特徵且能和自己情緒同步的數位形象。[28]

隨著數位生活與社會生活的進一步融合，我們日常的社交、工作、學習、娛樂將全方位地向元宇宙遷移，數位形象也將成為我們主要的社交形象，更成為我們在元宇宙中展現自我認知的一種新方式（見圖 7-10）。

圖 7-10 作者于佳寧使用過的數位形象（圖片來源：Decentraland）

---

28 張妮娜 . 小米 11 Ultra 穩站高端市場，相芯科技「數位化身」成手機新標配 [EB/OL]. 2021-04-15 [2021-08-05]. https://www.doit.com.cn/p/438376.html

數位身分打通身分、數據、信用和資產體系

在元宇宙中，除了數位形象外，我們每個人還會擁有自己的數位身分，數位身分將與現實身分逐步融合。數位身分不僅是數位形象，而且是每個人在元宇宙中的標誌（以數位代碼或區塊鏈位址的形式），用於記錄我們在元宇宙中的社會關係、活動紀錄、交易歷史、數位貢獻、財產權利、知識創意等一切資訊。數位身分有點類似我們在元宇宙中的身分證，是一種在數位世界中通用的身分，但是又會比身分證強大。數位身分是我們一切數位活動的基石，我們在元宇宙中的工作、生活、娛樂、投資、交易都會基於它來完成。因此，如果沒有高度可信的數位身分體系，元宇宙中的數位社會就難以健康發展。

目前，在互聯網上，我們一般透過用戶名、電子信箱或者手機號碼來註冊和登錄網站或者應用程式。在互聯網發展早期，很多網站支援使用電子信箱來註冊帳號。由於我們自己就可以透過搭建電子郵件伺服器來收發郵件，所以帳號註冊的整個過程不需要依靠任何互聯網服務商就可以完成身分的驗證和聯繫方式的確認。也就是說，電子郵件其實是一種「去中心化」的數位身分和驗證方式，不需要第三方就可以證明「我是我」。

但是，由於信箱位址可以隨意創建或者替換，且無法與現實身分相對應，一些問題便出現了，比如虛假使用者鑽漏洞、網路人身攻擊、濫用網路服務等。因此，越來越多的網站僅僅支援手機號碼註冊，

這樣確實更有利於將數位身分與現實身分綁定，而且我們用驗證碼登錄或找回密碼也比較方便。現在，手機號碼幾乎已經成為我們在數位空間的主要身分標識，手機號碼如同我們的網路身分證。但是，手機號碼並不是一種非常安全的的數位身分標識，我們經常能夠看到駭客盜取帳號詐騙親友、冒名騙取網路貸款、盜用遊戲帳號造成大額財產損失等相關新聞。另外一個重要的問題在於，基於手機號碼的身分驗證服務嚴重依賴於第三方（電信營運商）的服務，是一種高度「中心化」的驗證方式，這就相當於我們把自己的數位身分託管給了這些機構，並且只能依靠這些機構才能證明「我是我」。

我想很多人都有這樣的經歷：如果手機欠費停話，自己就會有大量互聯網帳號無法登錄，相當於數位身分隨之消失。如果手機號碼被營運商重新分配出去，那麼我們的個人身分、社交關係、隱私數據、資產財富可能會變成別人的。這絕對是「細思極恐」的情形。一旦出現這種情況，在需要更新手機號碼時，我們就會發現帳號的所有人因為無法登錄，並且自己無法修改手機號碼，只能透過聯繫互聯網公司的工作人員進行修改。如果這些公司作惡或者被駭，它們就有能力修改我們的個人身分資訊，甚至可以把我們的帳號、數據、資產轉移給別人。此外，大量使用手機號碼註冊還帶來了一個結果，那就是我們自己根本不知道一個手機號碼到底註冊了多少個應用程式，也沒有辦法取消或者更改授權，即使在個人數據面臨風險時也同樣無能為力。這就是「中心化」數位身分帶來的最大問題：身分的管理權和控制權實際上並不在我們自己手上。

　　近幾年，互聯網巨頭也開始提供身分驗證服務，比如微信登錄、支付寶登錄、Google 帳號登錄、Facebook 帳號登錄和蘋果帳號登錄等等，讓用戶擁有一定程度上進行數位身分管理的權利。比如，我們在註冊微信並完成實名認證後，可以在很多應用程式上使用微信授權的方式登錄。這樣，數位身分就在一定範圍內實現了通用化，使用者不需要重複註冊和實名認證，從而減少個資洩露的風險。用戶還可以用微信隨時管理身分授權，查看用這個身分註冊的應用程式，並可以方便地取消對某些應用程式的授權。與微信有合作關係的網站也希望使用者使用這種方式登錄，因為這種身分認證方式的背後是互聯網巨頭根據數據「繪製」的使用者畫像（見圖 7-11）。網站可以基於使用者畫像判斷用戶風險，從而打通身分體系、數據體系、支付體系；巨頭公司也可以透過這種方式蒐集更多使用者數據，從而獲利。

圖 7-11 互聯網巨頭利用龐大個人數據繪製的使用者畫像帶來了便利
也帶來了風險（圖片來源：視覺中國）

當然，這也是一種中心化的身分驗證方式，只不過是將數位身分改為託管給互聯網巨頭。平台可以隨時封號，從而抹殺一個人的數位身分。同時，大量個人數據集中到巨頭的伺服器中，很容易出現洩露或濫用的問題。由於公司合作的原因，不同的平台還存在使用壁壘，比如一些應用程式只能透過支付寶的身分登錄，而一些應用程式只能透過微信的身分登錄，無法真正實現數位身分的通用化。

我們認為，在元宇宙時代，用戶應該真正掌握自己的身分和數據，中心化的身分驗證機制存在根本性弊端，信箱、手機並不是最佳的數位身分標識。

在元宇宙中，我們需要一個更加安全、可信、通用化的數位身分。數位身分需要滿足三個基本特點。第一，身分需要具有通用性，能夠打通身分體系、數據體系、信用體系、資產體系，從而全面對應元宇宙中的各類應用程式。第二，身分需要具有獨立性，完全由用戶掌握。授權時，用戶可以自主選擇授權範圍，並可以隨時取消授權（取消後，對方便無法再使用任何個人數據）。第三，身分需要具有隱私性。個人資訊要實現「可驗而不可得」，在授權的過程中，我們只需要告訴對方驗證結果，而不需要將自己的具體資訊告訴對方，在保護個人隱私的前提下更方便地使用身分和個人數據。

事實上，目前我們已經可以基於區塊鏈、非對稱加密、隱私運算等技術，獲得加密的、可控的、真正屬於自己的數位身分。比如知名的瀏覽器外掛程式錢包 Metamask（圖示是一個小狐狸，因此常被稱作「小狐狸錢包」），本質上就是一個基於區塊鏈的數位身分

管理器（見圖7-12）。它可以幫我們管理基於區塊鏈、由位址與私
密金鑰兩者組成的數位身分，並將數位身分和數位資產牢牢綁定在一
起。此類身分具有高度的通用性，使用者可以用任何支援以太坊區塊
鏈的錢包創建數位身分，並隨時導入其他錢包中使用，也可以基於
Metamask使用所有的以太坊分散式應用程式（DApp）。

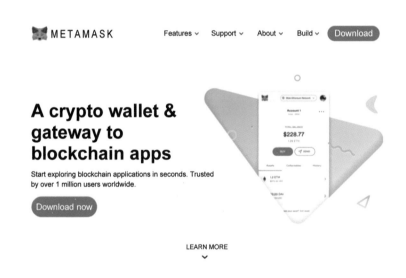

圖 7-12　「小狐狸」錢包本質上是數位身分管理器
（圖片來源：Metamask 官網）

　　創建一個位址與私密金鑰兩者組成的數位身分的過程大體如
下。創建過程是完全去中心化的，我們在註冊時不需要綁定任何信箱
或者手機號碼，電腦系統可隨機生成一個私密金鑰。這個私密金鑰是

我們掌握數位身分的關鍵。因此，這個私密金鑰絕不能洩露，一般只保存在本機上，不會上傳到互聯網上。在私密金鑰生成後，系統會根據這個私密金鑰運算生成對應的公開金鑰，然後進一步生成「位址」，這個位址就是我們在區塊鏈上的公開數位身分標識。基於非對稱加密技術，在身分的管理權（私密金鑰）始終掌握在自己手中的前提下，用戶可以選擇授權登錄哪些應用程式，也可以選擇允許哪些應用程式使用個人資產和數據（在一定範圍內），並且可以隨時修改或者取消授權。私密金鑰就相當於個人身分的鑰匙，只有拿著鑰匙的人才可以使用身分，任何其他人（哪怕是錢包的營運商）都不可能在沒有私密金鑰的前提下使用你的身分。

　　基於區塊鏈的數位身分除了具有通用性和獨立性之外，還有另外一個關鍵特徵，即個人數據的隱私性。這個特徵為現在常見且存在隱私洩露隱患的身分驗證機制提供了一種更好的替代方案。2020 年，在新冠肺炎疫情平穩後，澳門旅遊恢復開放，遊客持有核酸檢測陰性結果證明，並用粵康碼申領澳門健康碼，憑綠碼即可通關。這聽起來並沒有什麼特別的地方。但澳門健康碼與粵康碼的跨境互認，其實涉及了一些複雜的技術難題。

　　首先，健康碼的生成、使用必須符合兩地個人隱私保護和數據安全方面相關法規要求。按照法律規定，中國大陸和澳門特別行政區兩地的個人數據不能直接進行跨境傳輸，那麼兩地機構如何在數據不直接傳輸的情況下驗證對方居民的健康資訊呢？其次，在數據不出境的情況下，如果不基於第三方平台，那麼雙方如何驗證資訊的真實有

效性呢？

　　區塊鏈和隱私運算技術為解決「應用跨境而數據不跨境」的難題提供了解決方案。這些技術實現了澳門健康碼與粵康碼在後台不存在任何數據傳輸的情況下，也能正常生成並使用健康碼。這個過程可以充分保障使用者資訊安全和隱私，符合兩地法規的相關要求。簡單來說，也就是在不告訴對方任何數據的情況下，把驗證的結果真實準確地同步給對方，從而解決上述難題。[29]

　　新冠肺炎疫情爆發後，在中國被廣泛使用的健康碼就是數位身分的雛形。健康碼正在推動社會身分體系快速轉型，促使數位身分與現實身分深度融合。在元宇宙時代，隱私運算將被大規模使用，實現數位身分「可驗而不可得」，充分保護個人隱私。

　　總之，隨著元宇宙的發展越來越壯大，更多的人將會參與到元宇宙中，每個人都需要擁有一個具有通用性、獨立性、隱私性的數位身分。數位身分能夠逐步透過可信、安全的方式與現實身分融合，以保障我們每個人在元宇宙中的美好生活。

---

29 黎華聯 . 在濠江兩岸 1 秒傳遞信任 [EB/OL]. 2020-10-26 [2021-08-10].
　　https://www.163.com/dy/article/FPRT7JD00550037C.html

第八章

趨勢 5：
數位文化大繁榮

——元宇宙中數位文化成為主流文化，
NFT 成為數位文創的價值載體

「數位」代表著理性和精準，「藝術」則代表著感性和創意，它們組合而成的「數位藝術」卻成為當下藝術界熱門的發展方向。藝術是文化的自然意識，數位藝術的發展方向是數位文化繁榮的一個縮影。在元宇宙時代，來自物理世界的物質性約束越來越少，創意可能會是唯一的稀缺資源。因此，元宇宙時代也將是數位文化大發展、大繁榮、主流化的時代。IP 將成為元宇宙中一切產業的靈魂。

　　NFT 作為數位文創產品的價值載體，有望成為元宇宙的核心資產類別。

數位藝術時代迎面而來

2021 年 3 月，在北京 798 藝術區，在名為「DoubleFat」（雙胖）的加密藝術展開幕式上，藝術家冷軍的繪畫作品《新竹》（New Bamboo）在策展人文澤先生和作者于佳寧手中燒為灰燼（見圖 8-1）。

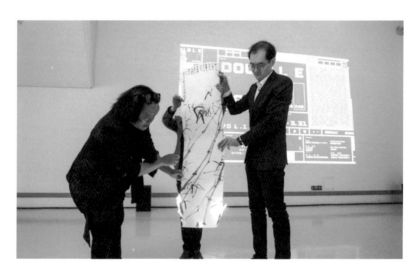

圖 8-1 在「DoubleFat」加密藝術展開幕式上，《新竹》變成數位藝術品 NFT（圖片來源：火幣大學）

作者于佳寧與策展人文澤透過這樣的方式，將這幅作品變成了 NFT 形式的數位藝術作品。隨後，該 NFT 現場進行了拍賣，ID 為 CryptoKingkong 的藏家拍得這幅作品，在區塊鏈上收藏了它。

　　將實體藝術作品銷毀創建數位藝術作品是一個頗具爭議的嘗試。在作者于佳寧看來，先將原畫燒毀，再將電子版的作品上鏈生成 NFT 的過程並不是毀滅，而是新生，是讓藝術的型態和價值實現進一步升級的過程。

　　2018 年，英國街頭藝術家班克斯（Banksy）的代表《氣球女孩》（Girl with Balloon）在蘇富比拍賣行拍賣。當拍賣落槌成交時，眾人驚訝地看到，畫框裡的畫突然開始緩緩滾動，被藏在畫框中的碎紙機剪毀，只留了上半部分紅色的氣球。原來，班克斯在畫框中暗藏了一台自動碎紙設備，並在落槌時按動按鈕。這個拍賣現場的驚人事件讓這幅畫變成一個自帶行為藝術的全新作品。當 NFT 藝術浪潮來臨，班克斯的作品以類似的方式被製成數位藝術品 NFT。2021 年年初，一些區塊鏈領域的專業人士以 9.5 萬美元的價格購買了班克斯的畫作《傻子》（Morons）實物。2021 年 3 月，這些人向班克斯的行為藝術致敬，模仿他自己的做法，將這幅作品燒毀，並進行了全程直播（見圖 8-2）。在實物被燒毀後，這幅作品被製作成數位藝術品 NFT，並進行了拍賣，ID 為 GALAXY 的藏家以約 38 萬美元的價格拍得這幅作品的 NFT。[30] 這讓更多藝術家和藝術評論家關注到了數位藝術 NFT 這種新的藝術品型態。

---

30 Burnt Banksy. Original Banksy Morons[DB/OL]. 2021-05-01[2021-08-01].
https://opensea.io/assets/0xdfef5ac9745d24db881fef3937eab1d2471dc2c7/1

圖 8-2 《傻子》繪畫實物被焚毀的瞬間（圖片來源：班克斯實體藝術作品燒毀現場影片，製作者 Burnt Banksy）

當我們提到數位藝術時，很多人的第一印象就是數位化的平面藝術品，但藝術與數位技術的結合遠不止於此。如果藝術家能夠用手中的畫筆在立體的空間中繪製樹木、河流、動物，在夜空中繪出壯觀的銀河，那麼當觀眾走進這幅作品中進行沉浸式的觀賞時，他們心中會是怎樣的一種感受？

這個場景並不是我們的想像。早在 2016 年，Google 發布了一款 VR 繪畫軟體，即 Tilt Brush。在戴上 VR 設備後，藝術家打開 Tilt Brush 程式，就可以進入 3D 的藝術創作空間。藝術家可以在這裡透過發揮自己的創造力和想像力來創作立體的「繪畫」作品，甚至可以繪製帶有動態效果的星星、光線或是火焰等特效（見圖 8-3 和圖 8-4）。

圖 8-3　VR 繪畫藝術家創作 3D 繪畫作品
（圖片來源：Tilt Brush 宣傳片，製作者 Google）

圖 8-4　VR 繪畫藝術家創作 3D 繪畫作品
（圖片來源：Tilt Brush 宣傳片，製作者 Google）

安娜・芝利亞（Anna Zhilyaeva）是一位來自法國的 VR 藝術家，她以手中的感測器為畫筆，創作了讓人耳目一新的藝術作品。安娜從小學習藝術，在 VR 創作的技術出現後，她被這個立體的沉浸式空間吸引，開始投身於數位 3D 空間。在這裡，安娜可以毫無限制地自由創作，將腦海中的所有創意用手柄在一個無限的 3D 空間中呈現出來。2020 年 5 月，安娜受邀在法國羅浮宮現場表演繪製《自由領導人民》這幅經典藝術作品。觀眾如果帶上 VR 設備，就會發現畫中人物並不是在一個平面上，甚至感覺真的走進了革命的戰場上。

隨著科技的發展，數位藝術不僅脫離了 2D 平面的束縛，也讓藝術作品可以脫離靜態的狀態，還可以隨著外部環境的變化而變化，或是隨著時間的推移持續演進和疊代。藝術家可以透過程式設計為藝術品帶來更強大的生命力。數位藝術品是由不同的數據組成的，我們自然可以讓程式控制畫面上的元素。如果藝術家繪製一幅實體風景畫，那麼這幅畫只能展現白天或者晚上、晴天或者雪天的靜態畫面。但如果這是一幅數位藝術品，基於可程式設計性，那麼創作者可以透過編寫程式讓畫中的天氣元素呈現不同的狀態，比如晴天或者雪天，從而得到讓人驚喜的動態效果。如果將這幅數位藝術品接入即時的天氣數據，那麼我們甚至可以根據即時的天氣展示不同的畫面效果。

Async Art 就是這樣一個可程式設計的藝術創作平台，每一個數位藝術品都由一個主畫布（Master）和多個圖層（Layer）組成。藝術家、收藏者等不同角色可以在不同的圖層上各自編輯。比如 2020 年 2 月，Async Art 上的藝術品《最初的晚餐》（First Supper）被成功拍賣，

這幅作品並非靜態圖片，而是由 22 個不同的圖層組合而成的圖畫，每個圖層包括人物、裝飾、背景等（見圖 8-5）。每個圖層可以由不同的藏家所有，持有人可以自行設置參數修改內容。這是一件「可程式設計的藝術品」。

圖 8-5　可程式設計的藝術品《最初的晚餐》（圖片來源：Shortcut）

主畫布不能決定這幅作品最終呈現的畫面，整體畫面會隨著每個圖層的變化而發生變化。大部分圖層至少有 3 種樣式變化，這幅作品總共有 22 個圖層，根據不同的組合可以有 313 億種不同的最終畫面。可程式設計性也會改變藝術品收藏的方式。透過程式的設定，藝術家與收藏者可以實現互動，收藏者可以透過改變圖層的特徵來改變藝術品的呈現效果。

數位藝術的發展也降低了創作者的參與門檻，讓每個人都有機會用各種形式展示自己的創意，讓更多人有機會踏上自己的數位

藝術創作之旅，甚至成為數位藝術家。維克多·朗格盧瓦（Victor Langlois）是一位來自美國的數位藝術家，大家在數位藝術領域都叫他 FEWOCiOUS。12 歲時，在社會機構的幫助下，他逃離了惡劣的原生家庭環境，來到了祖父母家中生活。由於經濟困難等原因，一開始，他的藝術創作之路並不順利，但他並沒有放棄，從為同學創作繪畫到為樂隊繪製專輯封面和海報，賺得一些收入並一點點存起來，最終買了一台屬於自己的平板電腦。

2020 年 3 月，FEWOCiOUS 第一次將自己的一幅畫以 90 美元的價格賣給了一位紐約藝術收藏家。不久之後，這位收藏家向他介紹了 NFT，帶他進入了令人著迷的數位藝術市場。2021 年 3 月 5 日，他的作品《FEWOCiOUS 筆下永恆的美麗》（The EverLasting Beautiful by FEWOCiOUS）在 Nifty Gateway 數位藝術品交易平台上以 55 萬美元的價格成交。他的作品僅在 Nifty Gateway、SuperRare 等專業的數位藝術品交易平台上的成交總金額就達到了 2664 萬美元，總共售出了 3189 件作品。[31]FEWOCiOUS 只用了一年的時間就成為知名數位藝術家。他的藝術靈感不僅僅是透過畫畫表現，他也跨界嘗試潮鞋的設計，同樣深受收藏家們的喜愛。

FEWOCiOUS 的作品不僅在加密藝術品平台中受到大家的喜愛，全球頂級拍賣行也向他拋出了橄欖枝。2021 年 6 月 23 日，他的作品第一次登上佳士得進行線上拍賣，但由於參與競拍的人實在太

---

31 CryptoArt. TOP ARTISTS[DB/OL]. 2021-9-13[2021-9-13]. https://cryptoart.io/artists

多，導致佳士得網站當機，這場拍賣不得不取消，並在兩天後重新進行。那次拍賣的系列是「Hello, i'M Victor（FEWOCiOUS）and This Is My Life」（你好，我是維克多〔FEWOiOUS〕，這就是我的生活），一共包括五件作品，記錄了他的生活以及童年的塗鴉、圖畫和日記等。我們展示了其中的一件作品《第一年，14 歲──隱藏的傷痛》（Year 1, Age 14 － It Hurts To Hide），如圖 8-6 所示。這五件數位藝術品 NFT 全部成交，總成交額高達 216.25 萬美元。這一年他僅僅 18 歲，他成了佳士得歷史上最年輕的藝術家。FEWOCiOUS 有一次在線上接受採訪時忍不住手舞足蹈：「我沒想到我真的可以做自己，還能被人喜歡，並且有收入！」從一個存錢買平板電腦的孩子，到第一個讓佳士得網站擁擠到當機的數位藝術家，他透過數位藝術開啟了新的精彩人生。我們看到，數位藝術降低了藝術創作的門檻，解放了人的藝術天性。在元宇宙中，每個人都有機會成為數位藝術家。

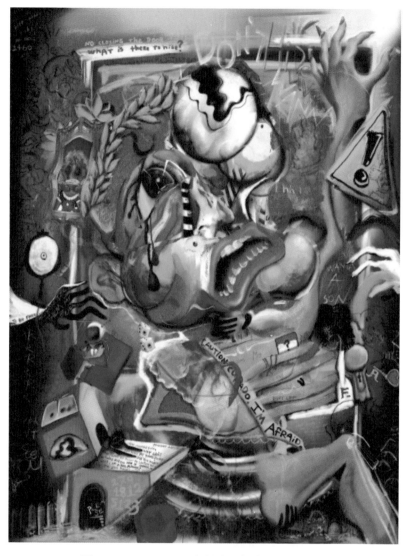

圖 8-6 FEWOCiOUS 在佳士得拍賣的作品之一
（圖片來源：FEWOCiOUS）

IP 將是一切產業的靈魂

　　藝術是文化的自然意識，數位藝術的爆發是數位文化大繁榮的縮影。在元宇宙時代，物理世界的物質性約束越來越少，創意將是唯一的稀缺資源。元宇宙時代是數位文化大發展、大繁榮的時代。IP作為文化具象化的標誌，也將迎來又一輪爆發。2020 年，在中國，潮鞋文化、聯名設計、盲盒經濟等新業態崛起，泡泡瑪特這個以盲盒經濟為基礎的公司，一度撐起了千億元的市值。這些新業態背後的核心邏輯都是 IP 營運。在我們看來，在元宇宙中，IP 將是一切產業的靈魂。

　　簡單來說，IP 是具有長期生命力和商業價值的內容，可以為持有人帶來持久收益。從 20 世紀 90 年代的《超人》和《蝙蝠俠》，到現在的佩佩豬和泡泡瑪特的莫莉，甚至一些經典表情包，比如柴犬和悲傷蛙，其實都是各種 IP。IP 有多元化的表現形式，可以是一個角色或形象、一個商標或品牌、一個設計或商品、一個故事或一部電影，也可以是一系列的形象。而一組有關聯的不同 IP 相互結合，可以形成一套「世界觀」，這套世界觀往往也被稱為「某某宇宙」。比如漫威公司所擁有的美國隊長、鋼鐵人、蜘蛛人、綠巨人、雷神、洛基等一系列角色 IP，因為經常到其他角色的故事中「客串」，所以他們的故事逐漸成為一個體系，共同構成了「漫威宇宙」。

　　目前，IP 的商業化往往透過實物銷售來實現，比如對於喜歡哈

利・波特的「哈迷」來說，可能會購買哈利・波特系列小說，或者購買哈利・波特系列電影的藍光高清 DVD（光碟），也可能會去環球影城玩哈利・波特主題的雲霄飛車，走的時候還要購買一些魔杖、魔法師長袍等 IP 周邊商品。現在，我們和自己熱愛的 IP 建立聯繫的方式，往往就是購買包含 IP 的實物周邊商品。當我們進入元宇宙，IP還會有哪些新玩法？

在籃球迷的圈子裡，NBA（美國國家籃球協會）是一個最經典的 IP。2009 年，球星卡發行公司帕尼尼（Panini）成為 NBA 獨家球星卡合作夥伴，受到了很多籃球迷的追捧，不少稀有的球星卡價格相當昂貴。2021 年 3 月，美國體育記者達倫・羅威爾（Darren Rovell）在 Twitter 上寫道，「一位買家以 460 萬美元的價格，買下了全球僅發行一張、由唐西奇（Luka Doncic）親筆簽名的新秀球星卡」。中國知名體育網站虎撲步行街上也有一個「球星卡區」，裡面活躍著很多喜歡收藏球星卡的球迷。

但是，紙質球星卡存在著很多問題，比如不易保存、真假難辨、缺乏流通管道等等。2019 年，NBA、NBA 球員協會和 Dapper Labs 公司一起發起了 NBA Top Shot 項目：NBA 將球員的榮耀時刻剪輯成精彩片段，Dapper Labs 再將這些榮耀時刻在區塊鏈上以 NFT 的方式發行、出售（見圖 8-7）。每個 NFT 呈現為一個數位化的「六面體」，每個面都記錄了一些資訊，不僅包括球星得分的精彩瞬間影片，還包括對應的比賽場次、比賽得分以及球星在比賽中的數據統計等資訊，球迷可以在平台上購買這些經過 NBA 官方認證的精彩片段 NFT。

圖 8-7　NBA Top Shot NFT（圖片來源：NBA Top Shot）

　　這些球星卡 NFT 無法被偽造，也不會因保管不當而折舊甚至損壞。在 NBA Top Shot 平台，球迷可以透過「開卡包」的方式獲得這些 NFT。根據可能開出的 NFT 稀有程度的不同，每個卡包售價從 9 美元到 999 美元不等。在卡包開出 NFT 後，球迷可以自己收藏，也可以向全球的球迷轉售，這使得數位球星卡的流動性大大提升。NFT 的交易基於區塊鏈上的智慧合約自動執行，避免了球迷在交易過程中承擔交易對手的信用風險，也就是不用擔心給出卡而拿不到錢。

　　NBA Top Shot 在推出後獲得了出乎意料的成功，受到了無數球迷的追捧。截至 2022 年 2 月 6 日，NBA Top Shot 的歷史總成交額已經高達 8.98 億美元，成交金額在整個 NFT 領域中排名第五。其中，勒布朗・詹姆斯（Lebron James）的灌籃精彩片段 NFT 以 20 萬美元的價格成交。

　　NBA Top Shot 第一次將 NFT 和體育 IP 進行跨界嘗試，其效果非常驚人。這個球星卡 NFT 項目背後的開發團隊 Dapper Labs 在 2021

圖 8-8　謎戀貓 NFT 曾經紅極一時（圖片來源：CryptoKitties）

年 3 月完成 3.05 億美元融資，參投方名單中有眾多 NBA 球星，包括麥可・喬丹（Michael Jordan）、凱文・杜蘭特（Kevin Durant）、安德烈・伊古達拉（Andre Iguodala）等等。這些球星甚至親自推銷，NBA 邁阿密熱火隊的當紅球星泰勒・赫洛（Tyler Herro）就為自己的 NBA Top Shot 的 NFT 錄製了一個介紹影片，告訴粉絲如何獲得這些精彩時刻。

　　Dapper Labs 是 NFT 領域的資深廠商，在 2017 年開發了第一個以太坊區塊鏈上 NFT 的標準協議 ERC721，也開發過全球首款收藏品 NFT「謎戀貓」（CryptoKitties，也被翻譯為「加密貓」）──讓藏家可以蒐集、繁殖和交換的數位型態的謎戀貓（見圖 8-8）。每隻謎戀貓都是一個 NFT，有獨一無二的基因和外形。這個項目具有一定的遊戲屬性，兩隻謎戀貓可以進行繁殖，並有機會繁殖出非常稀有的謎戀貓。這個項目曾在 2017 年 12 月 9 日創造了超過 14000 的日活躍位址數量紀錄，一度造成以太坊交易堵塞，一隻稀有的謎戀貓價格

甚至高達數百萬美元。

　　數位世界原生物品的價值也逐漸為社會所接受。比如，Gucci 嘗試將自身的 IP 向元宇宙中遷移。Gucci 在 2021 年 3 月發布了數位運動鞋「Gucci Virtual 25」，用戶可以在 Gucci App 上花費 11.99 美元購買這雙數位鞋。在購買後，使用者不會在物理世界收到任何商品，只能在 Gucci App 中透過 AR 的方式試穿，也可以在 VR 社群平台 VRChat 或遊戲 Roblox 中穿戴。

　　不管是在物理世界還是數位世界中，潮鞋似乎一直都是最受歡迎的 IP。數位潮流品牌 RTFKT Studios 曾在 Instagram 上發布過一張伊隆‧馬斯克出席 2018 年 Met Gal 典禮的紅毯活動照，照片中的馬斯克穿著一雙非常炫酷的鞋子，這雙鞋科技感十足，吸引了大量粉絲的討論。其實，馬斯克在活動現場穿的只是一雙普普通通的黑色皮鞋，照片中很酷的鞋子是 RTFKT Studios 設計的一雙數位潮鞋，名為 Cyber Sneaker，其靈感來自特斯拉的電動皮卡 Cybertruck（見圖 8-9）。儘管現實生活中並沒有這雙鞋，但 Cyber Sneaker 的數位屬性並沒有阻擋粉絲對它的喜愛。2021 年 8 月底，這雙數位鞋的 NFT 在 RTFKT Studios 官網上的價格接近 10 萬美元。RTFKT Studios 也在與各大遊戲廠商合作，玩家能夠在更多遊戲中讓自己的數位形象穿著這些數位潮鞋。此外，RTFKT Studios 還和數位藝術家 FEWOCiOUS 合作，推出了三款設計獨特的數位潮鞋，其價格分別為 3000 美元、5000 美元和 10000 美元。這三款鞋在上架幾分鐘內便迅速售罄。

　　2021 年 12 月，RTFKT 在 Twitter 表示正式加入了 Nike 集團。

在此之前，Nike 就已經在元宇宙領域積極布局。2021 年 11 月，Nike 和 Roblox 合作，在 Roblox 中打造了數位世界 Nikeland，在 Nikeland 中不僅可以玩小遊戲，還可以解鎖 Nike 的運動鞋、服裝及配飾等等。愛迪達也已經進軍元宇宙，2021 年 12 月，愛迪達推出了「走入元宇宙」（Into the Metaverse）系列 NFT，包括帽 T、運動服、帽子等。每一個 NFT 對應了相應的實體商品，實體商品計畫 2022 年發出，這些 NFT 的持有者可以進行兌換。

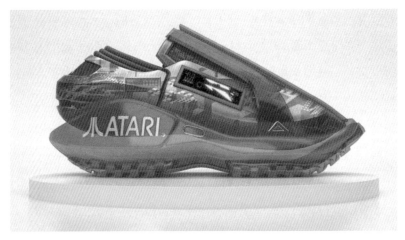

圖 8-9 數位潮鞋 Cyber Sneaker（圖片來源：RTFKT Studios）

除了時尚的潮鞋之外，傳統的知名品牌 IP 也在進行數位化的嘗試。比如，可口可樂為慶祝 2021 年 7 月 30 日的國際友誼日，和 Tafi 合作，推出 NFT 收藏品可口可樂友誼盒（Coca-Cola Friendship Box），其中包含四個稀有的單版動態 NFT：可穿戴的可口可樂泡泡

夾克、可口可樂友誼卡、可口可樂聲音視覺化器和可口可樂復古自動販賣機。漫威這家擁有一大批超級 IP 的公司，也在 2021 年 6 月和 VeVe 合作推出一系列官方 NFT 數位產品，包括 3D 數位公仔和數位漫畫，以盲盒的方式發售。

中國作為文化大國，在 2021 年出現了很多擁有文化和收藏價值的「數位藏品」，這是一種基於聯盟鏈和 NFT 相關技術打造的兼具消費和收藏屬性的數位文化商品，受到了年輕人的追捧，引發了收藏熱潮。越來越多的公司開始推出數位藏品發行平台，在 2022 年 1 月新知榜發布的「首期國內數位藏品交易平台排行榜」中，中國的數位藏品交易平台的數量已經達到了 65 家，其中包括支付寶推出的「鯨探」、騰訊的「幻核」、京東的「靈稀」、視覺中國的「元視覺」和網易的「網易星球」等 。

從支付寶發布敦煌飛天付款碼皮膚，再到新華社發布 2021 年新聞數位藏品，目前中國的數位藏品類型越發的多元化。在 2022 年虎年春節，24 家博物館（院）首次在鯨探上發布源自「虎文物」、「十二生肖文物」及「鎮館之寶」等多個系列的 3D 數位藏品。2021 年 8 月，騰訊的數位藏品平台幻核推出了青年藝術家周方圓創作的中華五十六個民族印象動畫作品「萬花鏡」系列，正式開賣後瞬間售罄。在 2022 年北京冬奧會開幕倒數 50 天時，中體數科與中國國家體育總局聯合推出了 4 款「冰娃」、「雪娃」的 3D 運動形象數位藏品，分別將「冰娃」、「雪娃」造型與冰壺、短道速滑、花樣滑冰和高山滑雪專案結合，打造出聰明靈動、活潑可愛的運動形象。

　　目前中國公司推出的數位藏品雖然與國際上通行的 NFT 比較類似，但是亦有很多不同。首先，NFT 一般基於以太坊等公鏈發行，但數位藏品大多基於聯盟鏈發行，比如螞蟻鏈、至信鏈、智臻鏈、長安鏈等等。其次，NFT 的創作者較為多元化，多由新派藝術家獨立發行，而數位藏品的創作方主要是平台特邀的藝術家，或是其他知名 IP 持有方，暫時還沒有大規模開放將個人創作生成數位藏品的許可權；最後，NFT 的交易非常簡單方便，數位藏品的二次交易（藏家之間的轉讓交易）則受到較為嚴格的限制，部份數位藏品可以在平台內的用戶之間轉贈，但也要符合一系列的限制條件，大部分平台沒有完全開放數位藏品的二次交易許可權。所以說，數位藏品還處於早期的探索階段，在行業還沒有成熟之前，為了防止數位藏品的探索演變成投機炒作，同時為了強化數位藏品的商品屬性，降低金融屬性，中國互聯網公司在開放二次交易和個人創作方面的態度較為謹慎，仍在逐步探索合理邊界。

　　在元宇宙時代，IP 將成為數位商品最為重要的屬性。擁有優質 IP 的公司大多已經開始嘗試進行數位化的轉化和開發，透過數位技術讓這些 IP 真正「活起來」，持續提升 IP 的價值，也試圖獲得先發優勢。

NFT 是數位文創的價值載體

到這裡，我們其實已經提及了很多類型的 NFT，從 Decentraland 中的數位土地、Axie Infinity 中的精靈、加密龐克頭像、謎戀貓和 FEWOCiOUS 創作的數位藝術品，到可口可樂和漫威等大公司發行的 IP 周邊產品，都是透過區塊鏈技術發行的 NFT。無論是最近興起的新型 IP，還是那些經典 IP，都在嘗試以 NFT 為載體，希望在元宇宙中獲得新生。

2022 年 1 月，NFT 市場的總成交額大約為 35.34 億美元（見圖 8-10）。雖然這個數字看起來並不驚人，但是在一年前，也就是 2021 年 1 月，NFT 的總交易金額僅僅才達到 3620 萬美元。[32]2021 年第三季度，NFT 市場交易總額超過 59.15 億美元，與 2021 年第二季度的 7.82 億美元的交易總額相比增長了 6.56 倍。同時，2021 年第三季度的買家和賣家的人數和第二季度相比，分別增長了 1.67 和 2.07 倍，越來越多的用戶開始對 NFT 感興趣。[33]NFT 只用了一年的時間，就完成了數百倍的增長，成為全球關注的焦點。 NFT 從最初無人問津的小眾收藏品，逐漸成為數位文化的主流載體，並拓展了數位文化產業的邊界。NFT 的春天已經來臨。

---

32 Nonfungible.Market Overview[DB/OL]. 2022-02-01[2022-02-01]. https://nonfungible.com/market/history
33 Nonfungible. NON-FUNGIBLE TOKENS QUARTERLY REPORT Q3 2021[R/OL]. 2022-02-01[2022-02-01]. https://nonfungible.com/subscribe/nft-report-q3-2021

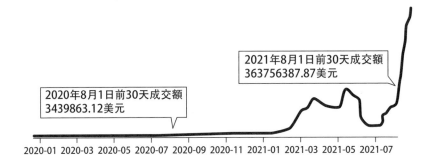

2021年8月1日前30天成交額
363756387.87美元

2020年8月1日前30天成交額
3439863.12美元

2020-01 2020-03 2020-05 2020-07 2020-09 2020-11 2021-01 2021-03 2021-05 2021-07

圖 8-10　NFT 市場成交總額（數據來源：https://nonfungible.com/）

接下來具體討論 NFT 的產業生態和應用價值。NFT 的全稱是 Non-Fungible Token，中文一般翻譯為「非同質化代幣」。這裡的「非同質化」對應的是「同質化」，二者有什麼區別呢？假如我擁有一枚一元的硬幣，你也擁有一枚一元的硬幣，這兩個硬幣可以被認為是相同的，我們可以互相交換。此外，一元的硬幣在任何地方都可以兌換成兩個五角的硬幣，也可以換成十個一角的硬幣，也就是說，每個一元的硬幣都可以拆分成若干份，具有可分割性。對於這種可以互換、具有可分割性的財產，我們就稱為「同質化」財產。

但是在現實生活中，大部分財產是不可分割、不可互換的，也就是「非同質化」的。比如，雖然每張電影票表面上看起來非常類似，但是每張票所對應的電影、日期、場次、座位都不同，每張電影票都具有獨一無二的屬性，其價值自然也會各不相同。再比如，即使是同一個社區戶型相同的房產，但由於樓層、裝修、朝向不同，也會被認為有較大不同，其價格也可能有很大的差異。這些都屬於「非同質化」

財產，不可分割，不可互換，每一個都具有獨特屬性。它們如果被映射到區塊鏈上，就會形成非同質化代幣，也就是 NFT。

NFT 是基於區塊鏈發行的數位資產，其產權歸屬、交易流轉都被記錄在了不可篡改的分散式帳本上。未來，萬物皆可 NFT。無論是藝術品、收藏品、遊戲道具、域名、門票，還是任何具有獨特性的財物，都可以透過上鏈成為 NFT。在元宇宙中，NFT 將成為賦能萬物的「價值機器」，也是連接物理世界資產和數位世界資產的橋梁。目前，NFT 已經形成了一個完整的產業鏈和生態閉環，主要包括 NFT 基礎設施、NFT 應用以及 NFT 交易市場。

從 NFT 的基礎設施領域來看，目前大部分 NFT 是基於以太坊區塊鏈發行的 ERC721、ERC1155 標準代幣。但由於以太坊較慢的交易處理速度和較高的手續費，很多項目和團隊也正嘗試在新的區塊鏈上發行 NFT。例如，2020 年 Dapper Labs 就推出了專門發行 NFT 的區塊鏈 Flow，NBA Top Shot 就是基於它發行的。Axie Infinity 也在 2021 年 2 月啟動了以太坊側鏈 Ronin，並將 Axie 系列 NFT 遷移到這條鏈上。

NFT 的技術特別適合將數位內容「資產化」，因此以數位 IP 為核心的相關領域實現了快速落地。NFT 的類型也非常的多樣化，除了之前在本書中已經介紹過的頭像類、藝術類、體育類、遊戲類、數位土地和服飾的 NFT，還包括音樂、影視，甚至連推文和代碼都可以成為 NFT。

2021 年 8 月，QQ 音樂限量發行了歌手胡彥斌的金曲《和尚》

20 週年紀念黑膠 NFT，內容是該曲目未公開的 DEMO 版本，基於騰訊雲至信鏈發行，近 8 萬名歌迷參與了抽籤預約，一經發售便售罄。NFT 和音樂結合，不僅為版權問題帶來了新的解決方向，也為音樂領域帶來了全新的商業模式。既然音樂都可以成為 NFT，影視也自然不例外。2021 年 10 月，王家衛將電影《花樣年華》首天拍攝的未公開劇情製作成 NFT，並在蘇富比拍賣行進行拍賣。這個名為《花樣年華‧一剎那》的 NFT 總長為 1 分 31 秒，最終以 428.4 萬港幣成交，成為了亞洲第一個電影 NFT 作品。

在 NFT 產業鏈中，交易市場扮演著極為重要的角色。目前，最大的綜合性 NFT 交易平台是 OpenSea。該平台的創始人是德溫‧芬澤（Devin Finzer），他在 2017 年的時候接觸到了謎戀貓，從而了解了 NFT。芬澤被這種新的技術深深吸引，於是一頭栽進了 NFT 的世界。2018 年 1 月，去中心化的 NFT 市場 OpenSea 正式上線。我們可以把它理解為一個專門買賣 NFT 的 eBay，用戶可以在平台上買賣 NFT。另外，我們也可以把它視作一個主要支援查看 NFT 資訊的區塊鏈瀏覽器，基於以太坊區塊鏈發行的 NFT 都可以在上面直接查詢屬性。

OpenSea 採取的是去中心化的交易方式。假如我們持有一個數位藝術品的 NFT，我們在 OpenSea 中輸入這個 NFT 的合約位址和編號時，就可以看到 NFT 的具體屬性和資訊。我們如果想售出這個 NFT，就可以在平台上直接掛出「待售」，並可以選擇自己喜歡的交易方式，比如一口價（Set Price）、拍賣（Bid）或者直接私下交易

（Privacy）。假設我們選擇了拍賣，掛單後，我們的 NFT 仍然保留在自己錢包中，如果有人出價，那麼出價的資金會被智慧合約鎖定。我們一旦接受了出價，就會授權平台將這個 NFT 與已鎖定的出價資金進行一次原子交換，實現在沒有中心化第三方的參與下買賣雙方的 NFT 和資金的無風險雙向轉移。簡單來說，原子交換只會產生兩種結果，要麼是 NFT 和資金沒有進行交換，要麼是交換完成，不會出現一方支付了資金卻沒有收到 NFT 或者付出 NFT 但沒有拿到資金的中間情況，這樣就可以確保交易無風險。

OpenSea 還有版稅機制，鑄造者在創建 NFT 時可以設定版稅，最高 10％。在賣出作品之後的每一次出售，該機制都將根據交易金額和預設的比例支付版稅給創作者。需要注意的是，創作者只有在作品銷售的情況下才會獲得版稅。如果是贈予或者轉讓，使用者是不需要支付這些費用的，也不必支付平台佣金。

OpenSea 會對每一筆 NFT 的交易抽取一定的佣金手續費，目前 OpenSea 的佣金費率為 2.5％。2021 年 3 月，OpenSea 在 A 輪融資中籌集了 2300 萬美元，由全球知名風險投資基金 Andreessen Horowitz（a16z）領投。僅僅過了 4 個月，OpenSea 又宣布了 B 輪 1 億美元的融資，顯現出驚人的發展速度。

OpenSea 不僅僅只是一個 NFT 交易平台，還致力於讓整個 NFT 領域相互融合，從而共同構成完整的 NFT 生態。比如，Decentraland 和 OpenSea 就實現了打通，不僅 Decentraland 中的數位土地和道具可以在 OpenSea 上進行交易，而且在 Decentraland 畫廊中展示的作品大

部分都和 OpenSea 綁定。參觀者在參訪數位畫廊的時候，如果看到了心儀的藝術品，就可以直接跳轉去購買（見圖 8-11）。

　　除了 OpenSea 之外，還有一些面向專門品類的交易平台，比如 SuperRare、Rarible、Nifty Gateway，這些平台主要面向加密數位藝術品發行和交易。其中，SuperRare 和 Nifty Gateway 一樣，都有創作者白名單機制，也就是經過平台認證的藝術家才可以在平台上創建藝術品 NFT 並販售。Rarible 的門檻較低，普通人也可以在平台上發行自己創作的藝術品。另外，Art Block 和 Async Art 也是數位藝術品 NFT 的創建平台，這兩個平台都具有較強的可程式設計性。Art Block 可幫助藝術家在以太坊上按需求程式設計生成並儲存作品，作品內容包括靜態圖像、3D 模型以及互動式體驗等多種類型。

圖 8-11　作者于佳寧在 Decentraland 中欣賞 NFT 藝術品
（圖片來源：Decentraland）

　　NFT 的出現，讓元宇宙中的每個人都可以輕易擁有數位物品的所有權。NFT 不僅有唯一、不可篡改、永久保存的特點，最主要是解決了數位物品的產權確權和交易流轉等問題，從而擴大了流通範圍，進而極大地提升了流動性。在 NFT 出現之前，數位文創產品可以被隨意拷貝和使用，創作者不僅難以確認版權所屬，也很難獲得收益。現在，NFT 解決了這些問題，讓創作者可以真正售出（而非授權）數位作品，還可以從作品的後續交易中持續獲得版稅收益。具體來說，NFT 可以發揮以下作用，因此能讓藝術品、收藏品、文創產品的價值大幅提升。

　　第一，NFT 是所有權證明，避免物權爭議。NFT 可以低成本、高效率地實現數位商品的所有權確權並實現資產化，還可以較為容易地展示其他物權的情況。比如，以前我們很難判斷一件藝術品是否正在進行抵押，或者是否已經投保。但是，在區塊鏈上，特別是在與 DeFi 結合的情況下，這些操作都將體現為和智慧合約的互動，所有互動資訊都可以透過區塊鏈瀏覽器查詢，相關情況一目了然。

　　第二，NFT 是真實性證明，無法造假，沒有贋品。隨著科技水準的提升，仿製藝術品的水準也在提升，贋品日益增多。流轉紀錄不夠清晰有序的藝術品，在交易前往往需要由多位專家共同鑑定，鑑定成本高昂，鑑定結果也可能存在偏差。但是，每一個數位化的 NFT 都包含了鑄造者的數位簽章，這種簽名用非對稱加密技術做保障，很容易驗證真假，因此不會出現「贋品」。

　　第三，NFT 是稀缺性證明，讓文創產品流轉有序，交易歷史高

度透明、可溯源，稀缺性真實可信。以往，只有那些經過頂級拍賣行拍賣的藏品，才有相對可信的交易紀錄，才稱得上「流轉有序」。但是，大多數收藏品並不具備這樣的條件。我們想要搞明白一種收藏品的確切存世數量，以及以往的全部交易紀錄，很不容易實現。這些資訊非常不透明。即使經過了拍賣，我們也很難確保交易紀錄完全可信，甚至難以確定藏品本身是否透過合法途徑獲得。但 NFT 形式的數位收藏品的發行和每一次流轉交易都會在區塊鏈上留下紀錄，紀錄不可篡改，發行總量、交易歷史等基本面資訊清晰透明，這便消除了資訊不對稱，因而藏家很容易依據這些資訊做出分析判斷。

　　第四，NFT 是流通價值證明，可以讓文創產品提升流動性，對接全球市場。傳統的藝術品一般透過拍賣或者畫廊的方式販售，但這些方式都有很強的地域性，很難與全球市場對接，因此很多有才華的藝術家會被埋沒。但數位型態的 NFT 在區塊鏈上可以透過智慧合約進行交易，可以在全球性大市場上公展開示，面向全球藏家販售。其中，交易手續費較傳統管道極低，買賣方式高度透明可信，賣家不必承擔信用風險、信用帳期和匯率損失。因此，NFT 極為有效地提升了藝術品的流動性。

　　第五，NFT 是收益規則證明，讓創作者可以享受作品持續增值帶來的收益。在大多數情況下，傳統藝術品、收藏品或者文創產品交易都是「一錘子買賣」。創作者將作品賣出後，無論作品未來價值上漲到什麼程度，都無法分享到任何增值收益。這種機制並不合理，也無法激勵藝術家耐心創作真正傑出的作品。但是，透過像 OpenSea、

Rarible 這些 NFT 發行和交易平台，創作者可以設定收取版稅，用智慧合約確保從之後的每次交易中抽成，以分享作品的長期價值。

　　當然，NFT 的應用場景不會僅局限在藝術、收藏、遊戲等領域。從短期來看，NFT 主要用於實現數位物品的鏈上確權和流轉交易；從中期來看，私募股權、私募債、信託等傳統金融資產，都可以上鏈形成 NFT，從而實現數位化；從長期來看，結合「預言機」等應用，NFT 會極大地加速實體資產上鏈和數位化的進程，從而完善價值互聯網，實現數位資產和實體資產的深度融合。未來，NFT 將承載更豐富的資產類型和更龐大的價值，成為元宇宙中的關鍵資產類別。

　　我們認為，在元宇宙中，數位技術與文化創意相結合，將實現數位文化的大發展、大繁榮，而 NFT 將為這些數位文化的 IP 實現資產化和經濟保障。「數位」和「文化」的結合會不斷帶給我們驚喜，數位文化也會逐步發展為元宇宙中的主流文化。

第九章

趨勢 6：
數位金融實現全球普惠

——元宇宙中 DeFi 加快金融服務數位化變革，
可程式設計交易實現金融智慧化

在元宇宙中，數位與實體將全面融合，一切經濟活動都會向數位經濟轉變。

這就要求金融服務需要實現數位化，不僅僅實現形式上的數位化，更要實現真正的普惠化，讓每個人都能低成本、高效率地使用數位金融服務。

現在，一些先行者已經在嘗試用數位化的方式重構全球金融基礎設施，消除不必要的金融仲介，降低金融服務門檻和成本，優化人們使用金融服務的方式和體驗。DeFi 領域的一系列創新實踐可能是建構元宇宙時代數位金融體系的探索嘗試。DeFi 不僅能夠讓資產所有者自己掌控資產，還能實現高度安全、透明且可信的自動化交易。未來，DeFi 可能將前沿技術、智慧商業、開放組織、數位交易等創新模式整合起來，實現業務載體、分配模式、組織型態和產業關係等方面的變革，引領金融業邁向數位化和智慧化的新時代。

讓全球轉帳像聊天一樣簡單

湯馬斯・佛里曼（Thomas L. Friedman）的著作《世界是平的》（The World is Flat）出版後曾經風靡一時。他認為，在新型交通工具的促進下，全球協作體系會變得更加高效，從而使世界變得「平坦」。在新冠肺炎疫情後，世界再一次發生了巨大的變化，我們不能再簡單地用「平的」來描述。現在的世界是一個「流動的世界」。讓世界流動起來的力量是數據，因為數據天然具有「穿透」的能力，可以跨組織、跨國家高速流動。在新冠肺炎疫情後，電子商務、遠端辦公、線上教育、串流媒體和短影音在全球各國快速發展和普及。全球經濟正在向著「數位經濟一體化」發展，未來在元宇宙時代更是有望形成統一的數位經濟共同體。

要實現全球數位經濟的發展和融合，資金的高效率、低成本流轉是重要前提和保障。但目前的實際情況是，由於貨幣、語言、系統、法律、時區等因素的差異，進行跨國支付或轉帳需要經過的節點和系統過多，支付或轉帳成本昂貴且速度緩慢。跨境支付交易量占全球支付交易量的比例低於 20％，但是它所帶來的交易費用占到了全球支付交易費用總額的 40％。[34] 這顯然不成正比，費用明顯過高。此外，

---

34 McKinsey & Company. Global Payments 2016: Strong Fundamentals Despite Uncertain Times[R/OL]. 2016-09 [2021-08-21]. https://www.mckinsey.com/~/media/mckinsey/industries/financial%20services/our%20insights/a%20mixed%202015%20for%20the%20global%20payments%20industry/global-payments-2016.ashx

在目前的金融體系中，跨境轉帳（無論是否透過第三方平台完成）需要基於銀行帳戶來實現。但是，全球約有 17 億成年人還沒有銀行帳戶，無法參與最基本的金融活動。[35]

　　隨著我們的學習、生活、工作逐步向元宇宙遷徙，線上支付已成為每個人的剛需，跨境支付將更加普遍。目前的金融服務效率和收費，很難滿足人們在元宇宙中的需求。那麼，如何讓全球支付像線上聊天一樣便利？這成為數位金融體系亟待解決的關鍵問題，也是未來元宇宙發展的一個瓶頸因素。

　　針對這個問題，Facebook 提出了一個大膽的解決方案：將區塊鏈技術引入國際支付系統，全面提升全球金融的效率和普惠性。2019年 6 月 8 日，Facebook 帶頭發布了 Libra 計畫（見圖 9-1）的第一版白皮書，其第一句話就寫道：「（我們的）使命是建立一套簡單的、無國界的『貨幣』和為數十億人服務的金融基礎設施。」

　　Libra 計畫希望基於這套金融基礎設施，優化全球的支付、貨幣兌換等金融服務。該計畫讓使用者即使使用低配置的智慧手機，也可以進行即時的國際支付和匯兌，幾乎不需要付手續費，「在全球範圍內轉帳應該像發送簡訊或分享照片一樣輕鬆、划算，甚至更安全」。

　　為什麼 Libra 計畫有信心升級全球金融體系？這是因為它試圖從技術基礎設施、經濟模型和治理機制三方面全面進行創新。

---

35 世界銀行集團. 全球金融普惠指數資料庫 2017[DB/OL]. 2018[2021-08-20]. https://openknowledge.worldbank.org/bitstream/handle/10986/29510/211259ovCH.pdf

圖 9-1　Libra 計畫希望全面提升全球金融的效率和普惠性
（圖片來源：Diem 協會）

在技術基礎設施方面，Libra 計畫將建立在安全、可擴展和可靠的區塊鏈之上。Libra 計畫打算建設一個許可型區塊鏈，並將其作為該計畫的基礎設施。Libra 協會（後更名為 Diem 協會）認可的機構可獲得許可權並成為該區塊鏈網路驗證者節點，全球開發者可以在該區塊鏈上開發各類 DApp，從而為使用者提供服務。

在經濟模型方面，Libra 計畫將發行一種數位資產（Libra 幣），作為國際支付的媒介。該計畫將 Libra 幣設定為一個「基於一籃子貨幣的合成貨幣」，其價格將與這一籃子貨幣的加權平均匯率掛鉤。這就意味著，Libra 幣將是一種穩定幣，其價格會保持相對穩定，不會大起大落，從而降低使用者面臨的市場風險和匯率損失，以便在全球範圍內廣泛使用。

在治理機制方面，和很多人印象不一致的是，Libra 計畫並不是一個「中心化」項目。它歸屬於獨立的 Libra 協會，該協會最早的一

批發起成員包括 Calibra（Facebook 子公司，後更名為 Novi）、優步、Lyft、Spotify、Coinbase、Visa、Mastercard、PayPal 等 28 家公司和機構。在這些協會成員中，Facebook 在全球擁有 29 億用戶，再加上其他互聯網巨頭的巨大影響力，使得 Libra 計畫在一開始就可以覆蓋全球幾十億人口。不過，稍後 Visa、Mastercard 和 PayPal 等一部分金融屬性較強的機構選擇退出了 Libra 協會。2019 年 10 月，協會成員簽署了協會章程，協會理事會正式成立，理事會由每個成員的一名代表組成。Libra 計畫的開發和治理工作全部由協會負責。Facebook 在創建協會和開發區塊鏈技術方面雖然發揮了關鍵作用，但在協會內也沒有特殊權利。截至 2021 年 9 月，協會成員為 26 家。

　　Libra 計畫有遠大的理想，它不僅僅希望用數位化的方式重構全球金融基礎設施，更想要打造一種全球通用的支付方式，以徹底改變人們使用互聯網的方式和體驗，從而實現全球普惠金融。當然，我們必須得承認，它現實的發展道路異常艱難坎坷。有人認為，Libra 幣是「超主權」貨幣，過於理想化，如果未經驗證就貿然展開，可能會引發各種難以預料的風險。各國政府對該計畫也抱持較為謹慎的態度，認為 Libra 幣一旦推出，就可能會對各國貨幣體系和金融穩定帶來很大的挑戰。

　　因此，在白皮書發布不久，全球幾個重要國家的政府首腦和監管當局便開始公開質疑。2019 年 7 月，時任美國總統川普（Donald Trump）在社交媒體上公開表達了擔憂，美國財政部部長史蒂芬·梅努欽（Steven Mnuchin）也曾表示 Libra 計畫會對美國國家安全構

成嚴重威脅，例如犯罪分子可能利用這套體系來洗錢和為恐怖活動融資。2019 年 8 月，英國、澳洲、加拿大、阿爾巴尼亞等國家的數據安全委員會聯合發表聲明，對 Libra 計畫的安全性和合法性提出質疑。2019 年 9 月，法國和德國財政部部長聯合發表聲明，表示將阻止 Libra 計畫在歐洲地區發展。路透社報導，歐盟大國認為「任何私人實體都不能擁有貨幣權力，這是國家主權所固有的」，這也是該項目遭到監管當局質疑的主要問題之一。日本和新加坡的中央銀行也對 Libra 計畫始終保持觀望態度，並要求該計畫在安全保障方面提供更多令人信服具體措施。

面對各國監管當局的質疑，Libra 計畫在 2020 年 4 月發布了第二版白皮書。根據這一版白皮書，其核心目標並沒有改變，但特別強調自己是一套支付系統，對法定貨幣只是幫忙，而不是替代。在保留了 Libra 幣的同時，Libra 計畫新增了錨定美元、歐元、英鎊、新加坡元等單一貨幣的穩定幣方案，比如錨定美元的 LibraUSD、錨定歐元的 LibraEUR 等。2020 年 12 月，Libra 協會宣布，Libra 計畫更名為 Diem，Libra 幣改名為 Diem 幣。該項目準備與美國 Silvergate 銀行合作，首先推出單一錨定美元的穩定幣。

目前，Libra 計畫依然在艱難地探索與推進著。Libra 計畫從 1.0 到 2.0，再到後來的 Diem，歷盡艱難，但它針對全球金融普惠提出的六大倡議始終沒有發生任何變化，這些願景或許就是元宇宙時代數位金融的應有之意。

- 我們認為，應該讓更多人享有獲得金融服務和廉價資本的權利。

- 我們認為，每個人都享有控制自己合法勞動成果的固有權利。

- 我們相信，開放、即時和低成本的全球性貨幣流動將為世界創造巨大的經濟機遇和商業價值。

- 我們堅信，人們將會越來越信任分散化的管理形式。

- 我們認為，全球貨幣和金融基礎設施應該作為一種公共產品來設計和管理。

- 我們認為，所有人都有責任幫助推進金融普惠，支援遵守網路道德規範的使用者，並持續維護這個生態系統的完整性。

讓金融服務符合數位經濟發展需求

跨境支付一直是數位金融試圖改進的場景之一，而基於區塊鏈技術的穩定幣也是很多公司都在嘗試的方向。有的公司在這一方面取得了一些成果和經驗，比如 Circle 公司發行的 USDC。Circle 是以數位資產為主業的金融科技公司，極為注重合規，是在全球獲得牌照數目最多的數位資產公司之一，目前擁有美國、英國和歐盟的支付牌照，擁有美元、英鎊、歐元三個主流貨幣的合規通路。它還獲得了紐

約州的第一張 BitLicense 牌照,該牌照申請門檻極高,接近於銀行牌照。從 2013 年成立至今,Circle 總共經歷了 9 輪融資,總融資規模達到了 7.11 億美元,投資機構包括高盛資本、IDG 資本、百度、中金甲子、光大控股、分布式資本、萬向區塊鏈等。2021 年 7 月,Circle 宣布計畫透過與特殊目的收購公司(SPAC)的業務合併進而實現上市。

在 Circle 成立之初,其主要業務是基於區塊鏈的支付業務,為數位資產提供儲存和兌換服務。2018 年 7 月,Circle 推出了在區塊鏈上發行的錨定美元的穩定幣 USDC。截至 2021 年 9 月 13 日,流通中的 USDC 已經達到了 294 億美元(見圖 9-2),鏈上轉帳金額累計達到了 1 兆美元。USDC 具體發行方式是,Circle 將儲備的資產託管到指定銀行(Silvergate 銀行),採用 100％準備金制度,按照 1：1 的比例在區塊鏈上發行 USDC。儲備金主要包括美元現金和短期美國國債[36],並由第三方審計公司(目前是致同會計師事務所)每月審計,接受紐約州的監管。Circle 透過一系列機制安排,確保 USDC 的營運情況相對透明。用戶可以將鏈上的 USDC 按 1：1 贖回並兌換為美元,贖回時系統會銷毀對應數量的 USDC。我們在本書第四章討論過「資產上鏈」,USDC 也可以理解為「美元上鏈」形成的數位資產。

---

36 2021 年 7 月,Circle 披露 USDC 的 221 億美元儲備資產中包含 47% 的現金和現金等價物、16% 的公司債、15% 的揚基存單(Yankee CDs)、13% 的美國國債、8% 的商業票據以及 1% 的市政債券和美國機構債券。2021 年 8 月 22 日,Circle 宣布將把全部的 USDC 儲備金轉化為現金和短期美國國債。

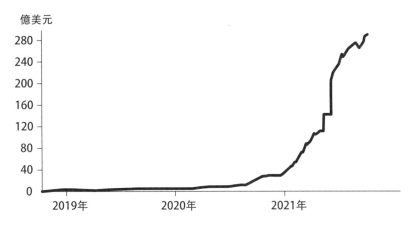

億美元

圖 9-2　USDC 發行總量變化情況（數據來源：CoinMarketCap）

　　除了互聯網巨頭和金融科技公司，傳統金融巨頭也在嘗試使用區塊鏈和穩定幣改進跨境支付結算。2019 年 2 月，摩根大通推出了首個由美國銀行支持的穩定幣——摩根幣（JPM Coin），如圖 9-3 所示。摩根幣在基於以太坊區塊鏈協定開發的 Quorum 區塊鏈上發行和使用，1 摩根幣＝ 1 美元。雖然摩根幣是在鏈上發行的錨定美元的資產，但它與 Diem Coins 或 USDC 這種面向全球個人客戶發行的資產相比有所不同。摩根幣的帳本僅向部分特定節點開放，個人客戶無法持有或使用摩根幣，只有嚴格限定的銀行和金融機構才可以使用。摩根幣屬於一種「批發型」穩定幣（與之相對的是個人可以使用的「零售型」穩定幣）。

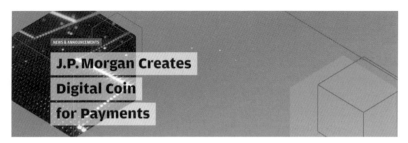

圖 9-3　摩根大通推出了首個由美國銀行支援的穩定幣
（圖片來源：摩根大通）

　　摩根幣的出現解決了即時全額結算的問題。比如在跨境轉帳的過程中，摩根大通的客戶 A 公司將存款放入指定帳戶，可獲得同等價值的摩根幣。接下來，A 公司可以在區塊鏈上用這些摩根幣與摩根大通的客戶 B 公司進行交易，B 公司收到後可以選擇將其兌換成美元或當地貨幣。不管 A 公司和 B 公司是否在同一時區、同一貨幣區、同一司法管轄區，都可以進行即時結算，極大地提升了資金的使用效率。

　　這個過程和傳統的銀行間跨境結算流程有明顯的區別。傳統流程往往需要引入一家或多家代理銀行，而且需要使用 SWIFT（環球銀行金融電信協會）、CLS（持續連結結算系統）、CHIPS（紐約清算所銀行同業支付系統）、TARGET（泛歐實時全額自動清算系統）等多套系統，流程高度複雜、繁瑣，節點繁多。節點越多意味著「過路費」越多，效率自然也不夠高。

　　而在基於區塊鏈的系統上，資產完全是以數位化型態存在的，轉帳過程非常簡單，就是點對點的直接轉移。發起轉帳時，交易資訊

會向區塊鏈網路中的節點進行廣播，再由節點進行打包記錄。但是，這些節點並不是「交易仲介」，也不會經手任何資產，它們只是交易的「見證人」，負責驗證轉帳資訊的真實性和有效性。作為「記帳人」，它們把這些轉帳資訊記錄到分散式帳本中，並同步給其他節點。這個流程非常簡潔、有效，實現了「支付即清算」，可以讓轉帳速度大幅提升，同時使成本大幅下降。基於這種模式，資金可以像數據一樣具有高度的穿透性和流動性，能夠趕上數據的流動速度，從而滿足數位經濟發展的需求。

這些零售型或批發型穩定幣主要由商業機構發行，目前相關監管機制還不成熟，因此有可能被利用並成為洗錢等非法經濟活動的工具。此外，此類資產的流動速度較快，一定程度上會加劇資本的無序流動，甚至影響部分小國的貨幣主權，從而帶給全球支付清算體系、資本跨境流動管理、各國貨幣政策甚至國際貨幣體系諸多全新挑戰。

要解決這些問題，我們需要依靠監管科技的力量，並逐步將其納入全球金融監管框架。2020 年 4 月，G20（20 國集團）成立的國際金融監管協調組織金融穩定委員會（FSB）在發布的《應對全球穩定幣帶來的監管挑戰 （徵求意見稿）》中提出，全球穩定幣基本可以納入現行監管規則框架，但需要具體問題具體分析，並根據不同穩定幣的運行機制和經濟功能，釐清其應適用的具體規則和監管機構之間的職責劃分。

全球央行數位貨幣加速推進

在新冠肺炎疫情後，各國政府空前重視發展數位經濟，而數位經濟的發展需要一套完整的數位化新金融體系來提供支援，貨幣的數位化成為一種重要需求。各國央行數位貨幣（CBDC）的推進速度明顯加快。2021 年年初，國際結算銀行（BIS）對央行數位貨幣進行的第三次調查結果發現，調查對象中 86％的中央銀行正在積極研究央行數位貨幣的潛力。[37] 2020 年 10 月，巴哈馬推出了 Sand Dollar，成為世界上第一個正式推出央行數位貨幣的國家。目前，大多數國家的央行數位貨幣還處於測試階段，比如由新加坡金融監管局（MAS）、新加坡銀行協會與多家國際金融機構共同研究開發的 Ubin，開發了基於區塊鏈的用於法定數位貨幣結算的原型。2021 年 7 月，歐洲中央銀行宣布啟動數位歐元計畫，並開啟為期兩年的調查研究，以解決數位歐元設計和發行等關鍵問題。美國在央行數位貨幣領域也在積極嘗試。2020 年 5 月，數位美元白皮書發布，提及推動數位美元項目核心原則等內容。

中國的央行數位貨幣，也就是數位人民幣（e-CNY），目前已經進行了大規模的試點測試。2020 年 10 月，數位人民幣第一次走出封閉的測試環境，在深圳羅湖區啟動了面向公眾的數位人民幣試點。

---

37 BIS.BIS Innovation Hub work on central bank digital currency（CBDC）[EB/OL]. 2021 [2021-08-20]. https://www.bis.org/about/bisih/topics/cbdc.htm.

2020 年「雙十二」購物節期間，數位人民幣又在蘇州進行了測試，實現了在沒有網路的情況下，透過「碰一碰」進行雙離線支付。2020 年年底，中國工商銀行使用數位人民幣進行公益捐贈，並將捐贈資訊在區塊鏈上存證，保證了捐贈的真實有效、可溯可查。在 2021 年中國國際服務貿易交易會上，中國銀行的展區展示了一台外幣兌換機，使用者不需要綁定任何帳戶和銀行卡，只需要用身分證或者護照，就可以將外幣與數位人民幣進行兌換。在現場，經過身分核驗、人臉識別、資訊確認後，一張 10 歐元的紙幣立刻兌換成顯示著 74 元額度的數位人民幣卡片錢包。

數位人民幣的一個重要特點是具有可程式設計性。中國人民銀行數位人民幣研發工作組於 2021 年 7 月發布的《中國數位人民幣的研發進展白皮書》，明確提出了數位人民幣可以透過載入不影響貨幣功能的智慧合約實現「可程式設計性」，在確保安全與合規的前提下，可根據交易雙方商定的條件、規則進行自動支付交易，從而促進業務模式創新，提升擴展能力，促進與應用場景的深度融合。[38]

在未來元宇宙中，物理型態的紙幣很顯然無法適應數位經濟發展的需要，各國都迫切需要一套全新的數位化金融體系，而各國的央行數位貨幣是這套數位金融體系的重要基石。數位人民幣是一種面向未來的貨幣型態，作為一種具備可程式設計性的法幣，它將在未來的

---

38 中國人民銀行數位人民幣研發工作組 . 中國數位人民幣的研發進展白皮書 [R/OL]. 2021-07[2021-08-20].http://www.pbc.gov.cn/goutongjiaoliu/113456/113469/4293590/2021071614200022055.pdf

元宇宙時代成為中國各類數位交易的基礎設施。

十幾個人為何能管理百億美元市值的計畫

美國納斯達克交易所成立於 1971 年。最初，納斯達克僅是一個報價系統，直到 1998 年才成為美國第一個在網路上交易的股票市場，是首家以數位化系統取代傳統交易體系的交易所。蘋果公司、微軟、Google、Facebook、特斯拉等互聯網及科技巨頭都選擇了在納斯達克上市，截至 2021 年 9 月 20 日，納斯達克上市的股票共有 4503 支。納斯達克不僅是一個股票交易所，也是一家上市公司，其上市母公司名為納斯達克 OMX 集團。

有一個計畫被譽為「區塊鏈上的納斯達克」。2021 年 5 月，該計畫的市值一度最高超過 220 億美元，同期納斯達克母公司市值約為 273.18 億美元。該計畫在 2021 年 9 月的日交易額為 10 億～20 億美元，其造市商（Market Maker，縮寫為 MM）有 7 萬多個，而納斯達克僅有 300 多個機構進行造市。更讓人意外的是，該計畫的工作人員只有十幾個人（在很長時間內只有創始人一個人），而納斯達克的工作人員有 5696 人。該計畫從 2018 年起步到 2021 年僅發展了 3 年，而納斯達克已經發展了 50 年。[39]

---

39 兩者的交易機制存在較大差異，上述資料並不完全可比，僅為讀者直觀了解而提供。

　　這個計畫名為 Uniswap，是一個基於以太坊區塊鏈的去中心化數位資產交易平台（見圖 9-4）。2020 年 12 月，Uniswap 的歷史交易量已超過 500 億美元，這些交易量來自 26000 個不同的交易對。[40] 到 2021 年 9 月，Uniswap 的日交易量達到了十幾億美元，單日的手續費達到 259 萬美元，甚至超過了比特幣鏈上交易的手續費金額。[41]

圖 9-4　Uniswap 是一個基於以太坊區塊鏈的分散式交易平台
（圖片來源：Uniswap）

　　在傳統認知裡，這樣規模的業務通常需要數千人的團隊，需要無數層級的組織，其管理成本也極高。那麼，Uniswap 是用了怎樣的方法，居然可以讓如此龐大、複雜的交易體系能夠近乎「自動運行」？這要從它的創始之初說起。

40 https://twitter.com/haydenzadams/status/1338582286112092162?lang=en.
41 David Mihal. Crypto Fees[DB/OL]. 2021-09-20[2021-09-20]. https://cryptofees. info/

2017 年 7 月，西門子公司的一位機械工程師海頓・亞當斯（Hayden Adams）被裁員了，這讓他似乎到了人生的至暗時刻。他對未來一籌莫展，向一位在以太坊基金會工作的朋友卡爾・佛洛斯克（Karl Floersch）傾訴自己的苦惱。佛洛斯克告訴他，區塊鏈是未來，並建議他在以太坊上嘗試開發智慧合約。於是，他們有了以下的對話。[42]

亞當斯：我剛剛被裁員了。

佛洛斯克：恭喜你，這是發生在你身上的最好的事情！！！機械工程是一個夕陽領域。以太坊是未來，現在還處於早期階段。你的新使命是編寫智慧合約！

亞當斯：我不需要學習程式設計嗎？

佛洛斯克：不完全是，程式設計非常簡單。還沒有什麼人了解如何編寫智慧合約、以太坊、權益證明、無須信任的運算等等。

亞當斯：好的……

這是以太坊和智慧合約第一次走入亞當斯的生活。他決定試試看。於是，在接下來的時間裡，他從零開始學習 Javascript 和以太坊上的智慧合約程式設計語言，並決定學以致用，開發一個新的應用。在佛洛斯克的幫助下，亞當斯決定根據以太坊創始人維塔利克於

---

42 Hayden Adams. Uniswap Birthday Blog－V0[EB/OL]. 2019-11-02[2021-08-20]. https://medium.com/uniswap/uniswap-birthday-blog-v0-7a91f3f6a1ba

2016年在Reddit上發布的一篇文章[43]中的想法為基礎，編寫一款基於自動化造市商（Automated Market Maker，縮寫為AMM）的去中心化數位交易平台。

　　在亞當斯被裁員後的第九個月，也就是2018年3月，他編寫出了Uniswap展示版本，最初的版本其實只有不到300行代碼。經過反覆打磨並設計前端互動頁面，亞當斯在2018年11月2日正式發布該計畫。Uniswap在發布後並沒有引起外界太多的關注，但隨著2020年DeFi的爆發，使用者對於去中心化交易的需求不斷增加，Uniswap一躍成為很多使用者首選的交易平台。到2020年年初，該計畫的日成交量和總鎖倉量（Total Value Locked，縮寫為TVL）都達到了千萬美元級別的規模。[44]2020年5月，該計畫發布了V2版本，提供了價格預言機等功能。2020年9月，Uniswap V2的鎖倉量超過10億美元，而到了2021年4月，鎖倉量進一步突破90億美元（見圖9-5）。2021年9月，Uniswap V2的鎖倉量雖有所下降，但依然保持在50億美元以上。2021年5月，該計畫又推出了V3版本，為專業造市和交易的使用者提供了更強大的工具。

　　自動化造市商的機制是如何做到「自動化」交易的呢？其原理就是維塔利克在Reddit文章中提到的乘積公式：$x \cdot y = k$。在該模式下，Uniswap用智慧合約替代了造市商的交易員，用公式計算的價格

---

43 u/vbuterin.Let's run on-chain decentralized exchanges the way we run prediction markets[EB/OL]. 2016-10-03[2021-08-20]. https://www.reddit.com/r/ethereum/comments/55m04x/lets_run_onchain_decentralized_exchanges_the_way/
44 總鎖倉量表示鎖定在智慧合約中的資產總額，數量越大，服務能力越強。

替代了主觀報價。同時，基於公平透明的自動化手續費分配機制，使得符合條件者均有機會透過提供流動性成為「造市商」。

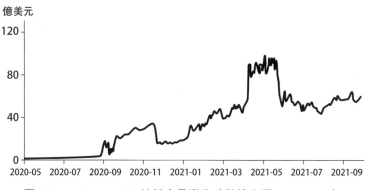

圖 9-5　Uniswap V2 總鎖倉量變化（數據來源：DeBank）

　　Uniswap 為我們展示了一個全新的數位化金融變革實踐，但這種去中心化的交易方式還存在很多問題和挑戰。例如，Uniswap 在合規方面就遇到了巨大挑戰。2021 年 7 月，Uniswap 的開發團隊 Uniswap Labs 以「不斷變化的監管環境」為由，在網頁介面限制了 100 多種代幣化股票以及衍生品的交易。2021 年 9 月，《華爾街日報》援引消息人士報導，美國證券交易委員會正在調查 Uniswap。另外，由於在 Uniswap 上，任何人都可以為任何資產創建流動性池，幾乎沒有門檻，所以一些存在問題的資產也會在上面交易，人為的市場操縱屢見不鮮，欺詐案例也多次出現。因此，Uniswap 目前的發展還僅僅是萬里長征第一步，想要持續健康發展下去，還有太長的路要走，特別是要解決資產合規性和反洗錢等一系列複雜而棘手的問題。

專欄：自動化造市商原理淺析

在了解 Uniswap 運行機制之前，我們看看什麼是造市商。造市商指的是那些在證券市場交易中，向希望交易的投資者提供證券產品的買賣報價，並根據報價買入和賣出，從而為證券提供流動性的專業投資機構。簡單來說，如果一名投資者準備將一個證券產品賣出，那麼在沒有造市商的情況下，他需要等其他投資者作為交易對手方來購買。他可能會等很長的時間，或者很難以市場價格完成交易。在存在造市商的情況下，造市商就可以作為交易對手與該投資者完成交易。由於造市商提供了雙向報價，所以造市商可以透過賺取買賣差價來獲得收益。

納斯達克就是一個多造市商的交易所。按照規定，每支證券至少要有兩家造市商。實際上，每支證券平均有 10 餘家造市商，一些交易活躍的證券有 40 家以上的造市商。與傳統的造市商模式相比，Uniswap 的自動化造市商可以透過智慧合約實現讓演算法「機器人」類比造市商的報價和交易行為，但是該機器人的報價完全依據數學公式計算得到，交易行為完全按照規則由程式自動執行。

具體來說，Uniswap 的自動造市商模式和傳統造市商模式的差異主要體現在三個方面。

造市主體發生變化。在傳統模式下，造市的主體是券商或基金公司等金融機構，具體執行者是交易員。而在自動化造市商模式下，電腦程式（機器人）嚴格根據代碼設定的規則進行全自動交易，進而

實現造市。這裡的程式並不是普通的程式，而是區塊鏈上的智慧合約，這就意味著沒有人能隨意改變機器人的行為。

定價方式發生變化。這也是自動化造市商機制帶來的最顯著的變化之一。在傳統模式下，造市商往往採取主觀造市策略，由交易員根據市場情況進行判斷和定價。而在 Uniswap 中，「機器人」會根據一個簡單的乘積公式 x · y ＝ k 進行定價。這樣一個簡單的公式是如何實現自動定價的呢？在這個公式中，x 代表流動性池中一種資產的數量，y 則表示另一種資產的數量。k 是一個固定常數，x × y= k。假設目前 ETH ／ USDC 這個交易對的兌換比例為 1：3000，如果鮑勃想要成為該交易對的「造市商」，就需要按照這個比例，向流動性池中存入 1 枚 ETH 和 3,000 枚 USDC。按照 x × y= k 這個公式，得出 1 × 3,000=3,000，也就是 k=3,000，這個數量將保持不變，並以此來確定 ETH 和 USDC 的報價。

假如只有鮑勃一個人提供流動性，也就是流動性池中只有他一個人注入的資產。這時如果有另外一位元交易者愛麗絲來到 Uniswap，希望用一些 USDC 兌換 0.1 枚 ETH。那麼，程式計算發現，如果完成兌換，流動性池中只剩下 0.9 枚 ETH，根據 k=3,000 這個數量保持恆定的條件，可以計算得到流動性池中需要有約 3,333.33 枚 USDC（3,000/0.9=3,333.33），才能讓 k 保持不變（即等於 3,000）。而原本流動性池中只有 3,000 枚 USDC，所以「機器人」就會根據這個計算結果，告訴愛麗絲需要支付 333.3 枚 USDC，才可以兌換 0.1 枚 ETH。這時，我們看到因為有人來進行兌換，導致 ETH 的價格發生

了變化，從 1 ETH=3,000 USDC 變成了 1 ETH=3,333.33 USDC，這種實際交易價格和起始報價的差異也被稱為「滑點」（Slippage）。當然，這個例子非常極端，由於流動性池極小（只有鮑勃提供的 1 ETH 和 3,000 USDC），才導致愛麗絲的交易指令造成了較大的「價格衝擊」（Price Impact），交易滑點如此之高。正常情況下，ETH/USDC 這樣的資產對的流動性池會比較大，假設流動性池中有 10,000 枚 ETH 和 30,000,000 枚 USDC，在愛麗絲要兌換 0.1 ETH 時，只需要付出 300.003 USDC 即可。

　　造市商資產來源發生變化。在傳統模式下，造市商主要使用自有資金進行造市，可使用的槓桿率不會太高，因此能夠用於造市的資金量是有限的。但是，在自動化造市商模式下，那些了解並能有效控制相關風險[45]且符合所在地法律法規要求的用戶都可以為流動性池提供資產，成為流動性提供者（Liquidity Providers，縮寫為 LP）。根據智慧合約預設的規則，造市機器人得到的交易手續費自動分配給每一個流動性提供者，分配的過程公開透明。此外，流動性提供者越多，流動性池中的資產就越多，前來兌換的用戶面臨的滑點（Slippage）就越小，進而會吸引更多用戶，相應的手續費收益也就越高，從而形成一個「增強迴路」正向循環。

---

45 流動性提供者面臨的最主要風險是「無常損失」（Impermanent Loss，也稱「非永久性損失」），如果不了解或未能有效控制這種風險，那麼提供流動性的行為也可能導致資產價值歸零，也就是損失資產全部。

DeFi 引領金融業向數位化變革

　　我們在前文看到了自動化造市商的創新模式與區塊鏈上智慧合約技術結合產生的巨大變革力量。事實上，在 DeFi 的世界裡，此類例子比比皆是。這種變革力量的重要來源是數位資產的「可程式設計性」。簡單來說，可程式設計性就是將已經數位化的資產放到電腦程式中，允許程式調用控制，讓這些資產根據既定的規則進行支付、抵押、兌換等，過程完全由電腦代碼控制，不需要人為參與操作。

　　現實生活中有很多體現資金或資產「可程式設計性」的場景。比如在支付寶、微信支付等第三方支付普及前，我們在停車場大多使用現金繳納停車費。但是，這種支付方式有很多問題：停車費金額由停車場管理員計算，容易產生舞弊和計算錯誤的問題；停車場要準備大量的零錢以備找零，找零環節很可能出錯或者出現偽鈔；人工收費的處理速度慢，高峰期可能導致嚴重的排隊擁堵等狀況。

　　隨著第三方支付的普及，現在大多數停車場的設備都已經升級，實現了車牌掃描、系統計費並自動扣款。如果車主提前在支付寶上綁定車牌並簽約，那麼系統可自動計算停車費，支付寶會根據系統計算的結果自動調用用戶的資金來支付停車費，整個交易過程便實現了自動化的閉環，非常方便，很少出錯。這就是一個資金「可程式設計性」的實際案例。但是，這個案例中的交易全部依託於支付寶等中心化系統，我們把這種中心化系統控制交易、調用資金的模式稱為「中

心化的可程式設計交易」。在這種類型的交易中，前提是使用者完全
信任支付寶系統，並願意將資金託管在支付寶，也信任系統能夠正確
扣款。但實際上，這種模式存在一定的風險，託管的資金存在安全隱
患，比如在自動扣款時，系統可能出現有意或無意扣錯款的情況。由
於這種中心化的可程式設計交易程式不開源、不透明，我們很難判斷
交易機制的安全性。因此，這種模式只適用於一些小額交易的場景，
無法用於大額交易，也很難大規模應用。

　　考慮到未來元宇宙時代的需求，這種「中心化的可程式設計交
易」方式難以擴展，無法滿足龐大數位資產支付和交易的需求。我們
需要找到一種既能讓資產所有人自己掌控資產（非託管），又高度安
全、透明且可信的自動化交易模式。區塊鏈和智慧合約的出現，為我
們提供了一種「進階版」的可程式設計性。在確保資產安全、規則透
明的前提下，基於區塊鏈上開源的智慧合約不僅可以處理按條件自動
支付這種簡單的交易，還可以處理資產抵押、兌換等更複雜的交易。
正是基於這種「去中心化的可程式設計交易」機制，DeFi 迅速崛起，
並正在建構元宇宙時代的全新數位金融體系，讓金融逐步實現「智慧
化」。

　　作為很早就關注到區塊鏈的價值並將其比喻為「信任的機器」
的期刊，英國《經濟學人》雜誌在 2021 年 9 月 18 日刊登了題為〈掉
進兔子洞：DeFi 的誘人承諾與風險〉的封面文章（見圖 9-6）。[46] 該

---

46 The Economist. Down the rabbit hole, The beguiling promise of decentralized
finance, And its many perils[EB/OL]. 2021-09-18[2021-09-20]. https://www.
economist.com/leaders/2021/09/18/the-beguiling-promise-of-decentralised-
finance

文作者認為，DeFi 為金融業描繪了誘人的前景，同時也帶來了一定
的風險。他認為，DeFi 可以提供理論上可信、廉價、透明和快速的
交易，甚至可以重塑數位經濟的架構，終將深刻改變貨幣和數位世界
的運作方式。

圖 9-6　英國《經濟學人》雜誌刊登封面文章討論 DeFi
（圖片來源：《經濟學人》）

　　DeFi 綜合運用區塊鏈智慧合約、代幣模型、演算法激勵、經濟
社群等創新要素，將前沿技術、智慧商業、開放組織、數位金融等創
新模式予以充分整合，為金融和商業生態帶來全新變革。經過幾年的
發展，DeFi 從零開始，已經成長為總鎖倉量高達千億美元的龐大市
場。截至 2021 年 9 月 20 日，DeFi 的總鎖倉量已經達到了 1102.44 億

美元，而這個數據在一年前僅為 90 億美元（見圖 9-7）。[47]DEX（分散式交易平台）的交易量在 2021 年第二季度達到了 4050 億美元，同比增長了 117 倍。[48] 參與 DeFi 的用戶數量從 2020 年年初開始也出現了爆發式增長，截至 2021 年 9 月 19 日，使用過 DeFi 應用程式的用戶數量已經超過了 338 萬。[49]

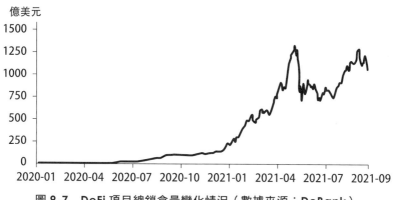

圖 9-7　DeFi 項目總鎖倉量變化情況（數據來源：DeBank）

　　推動 DeFi 出現並發展的關鍵事件是 2014 年數位資產交易平台 Mt. Gox 被駭客盜竊並破產，很多早期數位資產持有者因此事件損失慘重。這個事件讓人們意識到，儘管區塊鏈讓數位資產在確權和流轉

47 DeBank. 總鎖倉量（美元）[DB/OL]. 2021-09-20[2021-09-20]. https://debank.com/ranking/locked_value

48 Ryan Watkins & Roberto Talamas. Q2' 21 DeFi Review[R/OL]. 2021-07-13[2021-08-20]. https://messari.io/article/q2-21-defi-review

49 @rchen8. DeFi users over time[DB/OL]. 2021-09-20[2021-09-20]. https://dune.xyz/rchen8/defi-users-over-time

環節實現了「去中心化」，但是如果交易環節只能透過「中心化」的方式實現，那麼資產的安全依然難以得到充分保障。因此，有一批人開始探索區塊鏈上的智慧合約，試圖透過去中心化的方式實現數位資產交易。這次探索催生了基於訂單簿的去中心化交易平台，這是最早的 DeFi 業態。

在訂單簿 DEX 出現之後，DeFi 開始沿著四大方向發展（見圖 9-8）。一是擴大資產範圍，出現了基於智慧合約的穩定幣（比如數位資產質押型穩定幣 DAI 和演算法穩定幣 BASIS）、跨鏈資產（比如在以太坊上映射比特幣的 WBTC）以及合成資產（比如 Synthetix）。二是提升交易效率，出現了基於自動化造市商機制的 DEX，包括 Uniswap、PancakeSwap、MDEX、Sushiswap、Balancer、QuickSwap 等綜合性的 DEX，也包括一些專注細分領域的 DEX（比如去中心化穩定幣兌換平台 Curve）。三是滿足借貸需求，包括數位資產質押借貸（比如抵押借貸協議 Compound、Maker、Venus、Liquity）以及利用區塊非連續性特點實現的閃電貸[50]（比如 AAVE 提供的相應產品）。四是提升資金效率，出現了收益聚合器（Yield Aggregators）等專業化平台，這些平台可以用去中心化的方式為資產匹配最優的獲利機會，或定期自動複投提升收益（比如 Yearn）。

在 DeFi 核心賽道中，除了上述的數位資產和具體應用之外，還

---

50 閃電貸和質押借貸不同，不需要質押資產即可貸出資金。在進行閃電貸時，所有的操作都必須在一筆交易內（一個區塊打包的時間內）完成，也就是必須把所有步驟（包括借款、轉帳、執行操作、還款）都編寫在同一筆交易中。

包括基礎設施和工具。具體包括底層公鏈、二層網路（Layer-2，比如 Polygon、Arbitrum）、錢包（比如 MetaMask、imToken）、資產管理工具和控制器（比如 DeFiBox、DeBank）、區塊鏈瀏覽器（比如 Etherscan）、燃料費工具（Gas Now）、鏈上數據分析工具（比如 Chainanalysis、The Graph、Dune Analytics）等等。正是基礎設施逐步完善，工具體驗日益優化，數位資產品類趨於豐富，以及去中心化應用功能完善、場景擴展，DeFi 生態才能迅速崛起。

　　DeFi 的出現也標誌著基於區塊鏈的「分散式商業模式」正在從理想變為現實。DeFi 的崛起讓使用者對自己的數位資產擁有完整的所有權和控制權，並可以低門檻地自由使用各種去中心化應用。交易過程也變得更加透明、可信和安全。DeFi 正在成為最前沿金融科技的試驗場，並不斷提升資產的安全性、獨立性、流動性和交易效率，引領金融業加速向數位化和智慧化變革，從而實現真正的「數位金融」。具體來說，DeFi 從五大方面對金融服務進行了變革實驗。

　　第一，業務載體變革。基於區塊鏈上開源的智慧合約程式，用真正「去中心化」的方式展開業務，在最大程度上降低交易中的對手方風險，使得金融業中的信任機制發生根本性改變。大部分 DeFi 項目的交易機制是 P2C（Peer to Contract），其中 Contract 是區塊鏈智慧合約，使用者的交易對手其實都是智慧合約。而那些智慧合約大部分會開源並經過第三方安全審計公司的代碼審計，所有交易在鏈上均可查詢，透明度很高，任何人都能即時監控資產的動向，確保智慧合約內的資產安全。因此，DeFi 使得信任機制發生根本性變化，讓用

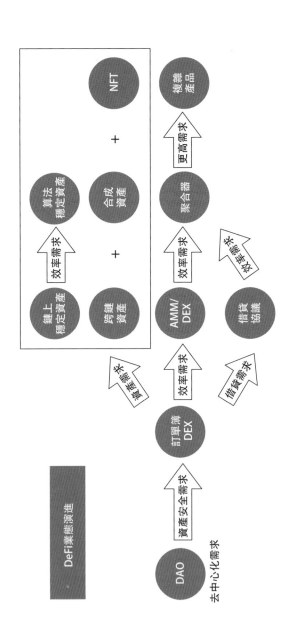

圖 9-8 DeFi 業態演進路徑

戶的信任主要來自區塊鏈和智慧合約本身。由於大公司的品牌信用背書效應減弱，創業公司開始擁有越來越多的機會。

　　第二，風險機制變革。在 DeFi 的金融世界裡，由於交易基於智慧合約可自動執行，在排除了人為主觀因素後，交易過程中的信用風險和操作風險都會大幅下降。但同時，與網路安全有關的風險大幅上升，一些智慧合約由於存在邏輯和規則編寫不完善、代碼有漏洞等問題，為駭客攻擊並盜竊資產留下可乘之機。

　　第三，分配模式變革。目前，收益農耕機制已經在 DeFi 領域廣泛應用，實現了依據使用者（數位貢獻者）對項目關鍵資源的貢獻程度自動、透明、公平地分配項目長期價值。

　　第四，組織型態變革。經濟社群組織取代基金會等中心化過渡型態的組織方式。大部分 DeFi 項目的治理透過鏈上治理機制實現，而鏈上治理的大部分關鍵流程又會透過智慧合約來完成。其實，這種模式已經不再需要項目方基金會，可自動運轉。經濟社群組織真正登上歷史舞台，開始成為主流的組織方式。

　　第五，產業關係變革。DeFi 時代也是開放金融新時代，DeFi 是一個高度開放的金融體系，不同項目的業務實現疊加和組合是常態。在公鏈上，各個智慧合約可以互相透過介面調用其他智慧合約的功能。這個過程簡單、快速且透明。例如，收益聚合器不需要託管任何使用者資產，僅僅透過介面調用就可以實現使用者資產在多個項目之間的組合配置和自動操作，在為使用者提供便利交易的同時大幅節省交易成本，也方便使用者選擇最優的配置組合。

　　技術發展具有兩面性，「去中心化的可程式設計交易」也會引發一系列新型風險和問題。智慧合約可以基於代碼自動執行，但其中有些代碼如果不完善，就很容易招致駭客的攻擊，並導致數位資產失竊。當然，項目方有意留下後門，並且監守自盜捲走使用者資產的情況也可能發生。在 2021 年 7 月到 8 月上旬的一個半月內，DeFi 領域就發生了 11 起重大安全事件。[51] 其中有一個案例讓人印象深刻：跨鏈協定 Poly Network 被「駭客」攻擊，被轉移的數位資產價值達 6.1 億美元。不過，這名駭客稍後同意歸還這些資產，並透過以太坊網路轉帳留言進行了公開的問答。他表明自己不是惡意的駭客，而是像白衣騎士那樣來拯救項目的白帽駭客。他表示，他最初發現了這個漏洞，擔心有人利用這個漏洞盜竊資產，於是將這些價值上億美元的數位資產轉移到了他認為安全的地方，但他本人對這些錢並不感興趣，最後歸還了資金。這個金額巨大且頗具戲劇性的事件引起了全球熱議，也提醒我們一定要時刻加強智慧合約的風險意識，並對自己的數據和資產安全有明確的保護策略。

　　對於 DeFi 的安全問題，兩個方面尤其值得關注。**首先，我們要特別關注項目的智慧合約代碼是否經過知名安全審計機構的代碼審計。** 經過專業的代碼審計能有效地排查出大部分已知的漏洞，使得智慧合約的安全性顯著提升，目前 DeFi 項目使用較多的安全審計公司包括 Certik、派盾（PeckShield）、漫霧（SlowMist）等。但經過審計

---

51 https://twitter.com/coin98analytics/status/1425118397587595265

的項目也絕非萬無一失，還可能存在審計公司無法發現的新型漏洞。此外，智慧合約經審計後，如果進行了升級，就有出現新型漏洞或被惡意篡改的風險。因此，如果智慧合約增加了新的功能模組或進行了升級，我們就需要及時查看是否有針對最新版智慧合約的安全審計報告。**其次，我們要定期清理授權項目。**在使用 DeFi 服務時，我們往往需要授權智慧合約調用錢包中的數位資產。通常，正規的項目會對授權的範圍進行嚴格限定。但有些惡意項目會以高額的收益率為噱頭吸引用戶完成授權，再透過智慧合約把用戶錢包中進行過授權的資產全部轉走。所以，在進行授權時，我們可以設定授權額度為當次交易的額度，以避免相關風險。同時，我們需要定期清理已授權的項目，將已經不用的授權及時取消。

　　總的來看，元宇宙中的型態是數位化的，這就要求金融生態的數位化。這裡的數位化並不僅僅指的是型態上的數位化，還要符合數位金融背後的本質特徵。數位金融需要實現真正普惠，讓每個人都能無門檻、低成本、高效率地使用數位金融服務。萬物皆可程式設計，智慧合約代替人工作業，可消除信用風險和操作風險。

第十章

技術創新驅動元宇宙大未來

想要發展元宇宙，技術創新是關鍵。

雲端運算、分散式儲存、物聯網、VR、AR、5G、區塊鏈、人工智慧等前沿數位技術的集成創新和融合應用是元宇宙發展的關鍵動力。我們正在進入一個前所未有的融合創新的「技術大爆炸」新階段，這些前沿技術「連點成線」，不斷融合創造了大量新物種。

元宇宙的四大技術支柱

　　2021 年 4 月，晶片巨頭輝達舉辦了 2021 年 GPU（圖形處理器）技術大會（GTC）。受新冠肺炎疫情影響，大會在線上舉行，輝達創始人黃仁勳在自家廚房裡進行了主題演講。黃仁勳將輝達定義為全棧式運算平台公司，並扮演「廚師」的角色，戴著防護手套，將如同大餐一般的輝達新品一道一道「端出來」。

　　我們都以為這是黃仁勳在家中廚房拍攝的影片。其實，在總長度為 1 小時 48 分鐘的影片中，有 14 秒特殊的場景：真實的廚房變成了電腦合成出來的廚房，「虛擬黃仁勳」代替真人黃仁勳出場演講（見圖 10-1）。

圖 10-1　輝達的發布會影片中有 14 秒為電腦合成的虛擬場景
（圖片來源：輝達）

　　輝達的工程師展示了借助全新的 NVIDIA Omniverse 技術用電腦渲染出來的逼真虛擬世界。雖然他們留有很多線索，但由於效果過於真實，幾乎沒有人注意到這一點。直到 2021 年 8 月，輝達在電腦圖形頂級會議 ACM SIGGRAPH 2021 大會上「自曝」製作過程，此事

才被外界廣泛知曉，引發轟動。

NVIDIA Omniverse 正是輝達為建設元宇宙而開發的模擬和協作技術平台。在這個平台上，開發者能夠即時類比出細節逼真的數位世界，那些負責設計 3D 場景的動畫師、設計數位建築的建築師等「元宇宙工程師」，可以像線上協同編輯文檔一樣，輕鬆設計 3D 數位場景。黃仁勳認為，未來隨著科技不斷發展，虛擬世界與現實世界將產生交叉融合。他表示：

在物理世界中部署任何東西之前，我們都可以先在數位孿生的元宇宙中模擬所有的這一切，並能夠使用 VR 和 AR 進出……所有這些東西在元宇宙中都將比在我們的宇宙中大很多倍，可能是 100 倍。

輝達異常逼真的虛擬影片引起了媒體的關注，甚至引發了一個烏龍事件。由於沒有看出虛擬場景和真實錄製場景的太大不同，很多人一度誤認為整個演講影片都是由模擬建模、追光技術（RTX）和GPU 圖像渲染製作出來的，甚至有科技媒體驚嘆目前的渲染技術已經發展到觀眾無法肉眼識別的地步。當然，很快就有人注意到影片中只有 14 秒是由電腦類比的，其他大部分內容是在真實場景錄製的。這在一定程度上是因為現有的算力和技術並不能滿足元宇宙的需求，我們還無法真正實現虛實融合。想要讓元宇宙時代真正到來，技術創新、算力增長、能源清潔及其他新型基礎設施建設是決定性的因素。

互聯網每個階段的演進都是由技術創新驅動的。在 Web 1.0 ～

2.0 時代，正如摩爾定律所預測的那樣，技術的持續進步使得 PC 和智慧手機的運算能力以指數級別的速度持續提升，而各國光纖網路、3G 和 4G 基地台等資訊基礎設施大規模建設也使得網路的接入速度持續提升，且費用持續下降，從而造就了互聯網的崛起與繁榮。

根據方舟投資（Ark Invest）的分析，我們正在進入一個技術疊加、融合創新的「技術大爆炸」時期（見圖 10-2）。18 世紀末 19 世紀初，英國人瓦特改良蒸汽機開啟了第一次工業革命浪潮，隨後機械化創新引發了鐵路的大基建，實現了人類歷史上前所未有的交通變革，讓各地的地理距離一下子「拉近了」。1876 年，美國發明家貝爾發明了世界上第一部電話，讓兩個遠在天邊的人也可以即時溝通，全球通訊和協作方式實現徹底革命。1885 年，德國工程師卡爾‧賓士成功研製出第一輛內燃機汽車，從根本上提升了社會經濟的運行效率。19 世紀後期，電力的大規模應用使得第二次工業革命成為現實。20 世紀末，電腦等資訊技術的誕生讓我們迎來了飛速發展的互聯網時代。21 世紀初，區塊鏈技術、DNA 定序、機器人、儲能技術、人工智慧等一系列顛覆性技術同時大爆發，並透過融合實現了倍增效應，在歷史上前所未有，帶來的變革和機遇也前所未有。

這些顛覆性技術融合創新、集成應用的產物就是元宇宙。中信證券研究部認為，元宇宙是不斷將前沿技術「連點成線」而實現的技術創新的總和。[52] 例如，GPU 積體電路、人工智慧、3D 建模、雲端

---

52 中信證券研究部. 主題｜圖解元宇宙 [EB/OL]. 2021-09-16[2021-09-16]. https://mp.weixin.qq.com/s/9wrBeMnGSsoCsR39AC7cTg

運算和遊戲應用等方面的創新為具有龐大內容的開放世界提供了底層技術基礎。而這又與 3D 社群平台、超高速通訊網路、超高精度顯示等技術融合，形成具備真實世界規模的數位世界，從而構成元宇宙的基礎。大量離散的單點技術創新正在以我們難以想像的速度融合，形成大量「新物種」。這些創新成果的總和就是元宇宙。

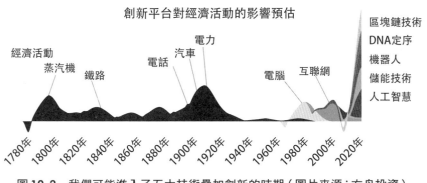

圖 10-2　我們可能進入了五大技術疊加創新的時期（圖片來源：方舟投資）

　　在元宇宙時代，技術進步和基礎設施的建設是元宇宙落地和普及的關鍵動力。我們認為，元宇宙有四大技術支柱，也就是四個技術類別，分別是建構、映射、接入和應用（見圖 10-3）。每一個支柱對應一系列技術。這些技術之間並沒有明確的發展先後順序，而是以「四浪齊發、齊頭並進」的方式共同發展、持續疊代。

　　其中，建構類技術讓元宇宙中的數位空間形成並持續優化。映射類技術讓物理世界與數位世界實現雙向打通和疊加：實體元素可以映射到數位空間，數位空間也可以反作用到物理世界。接入類技術讓

用戶大規模進入元宇宙，並可以自由穿梭於數位空間和物理空間。應用類技術可以實現人機深度互動、萬物泛在互聯，使智慧經濟體系持續運轉並創造新價值。

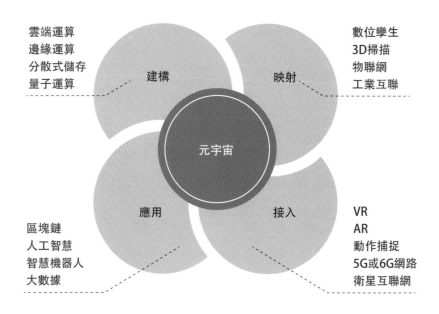

圖 10-3 元宇宙的四大技術支柱

建構類技術建設永續發展的數位空間

建構類技術的主要作用是，支撐建設空間足夠大，能容納足夠多的人並行使用，以及數據足夠豐富且能永續發展的元宇宙數位空間。因此，我們需要以巨大的運算能力和龐大的數據儲存空間為基

礎。如此龐大的算力和存力不可能由單一機構提供。因此，元宇宙時代的基礎設施必然是高度分散式的，需要全球的運算和儲存資源全面協同，並在保持各自獨立性的前提下形成一個整體系統。也就是說，不會有某個單一數位空間被稱為元宇宙，而是會存在無數個各自獨立但又相互相容並連通的數位空間，也會不斷有新的數位空間湧現，所有這些數位空間的整體被稱為元宇宙。在這個階段，雲端運算、邊緣運算、分散式儲存都將是核心技術，相應的基礎設施將構成元宇宙發展的基座。

雲端運算在行動互聯網時代就已經發揮巨大的作用，使得使用者可以透過網路從遠程「雲端」獲得運算和儲存服務，克服了行動設備運算性能和儲存空間不足的問題，也可以使得不同設備隨時協作和同步，極大地優化了行動互聯網的使用體驗。在元宇宙時代，數據量爆炸、數據來源多元且更新頻繁，導致行動互聯網時代那種以雲端運算為核心、端設備協同的集中式架構無法有效滿足需求，並且會遇到傳輸頻寬、傳輸延遲、數據安全和終端耗能等一系列瓶頸和挑戰。

要建構元宇宙，算力可能是最大的瓶頸，但也可能是極大的機會。數位世界的基礎是算力，空間越大、內容越多，所需要的算力就越高。要建構環境高度模擬且能同時容納幾十萬人、幾百萬人甚至上千萬人活動的數位世界，就需要超高算力，以處理龐大的數據和圖像渲染等運算需求（見圖 10-4）。這對晶片設計與製造、伺服器系統、通訊系統、數據中心建設都是巨大的挑戰，所需要的資源和能源也將是難以想像的。

圖 10-4　建構環境高度模擬的數位世界依然存在很多挑戰
（圖片來源：視覺中國）

　　在元宇宙時代，「雲＋端」的集中式架構將逐步演變為「雲＋邊＋端」的分散式架構，邊緣運算將發揮越來越顯著的作用。例如，由於大量物聯網設備會接入元宇宙，而雲端攝影機、感測器等終端設備和用戶較遠，把運算任務全部放在雲端則會導致網路擁塞、服務品質下降等一系列問題，無法滿足元宇宙中即時性要求極高的運算需求。但是，終端設備的運算能力往往較弱，無法與雲端的運算能力相提並論。因此，我們需要依託邊緣運算，將雲端運算和智慧能力延伸到靠近終端設備的邊緣節點。例如，在靠近物體或數據源頭的「邊緣側」，我們可讓融合了網路、運算、儲存、應用核心能力的開放平台就近提供運算和智慧服務，發揮物聯網邊緣「小腦」的作用，滿足應

用智慧、即時業務、安全保障與隱私保護等方面的需求。[53] 嘉德納公司（Gartner）預計，到 2025 年，75％的數據將在傳統數據中心或雲端環境之外進行處理。邊緣運算與雲端運算相輔相成，可以形成最小延遲的高可用性網路，還可以即時處理大量數據，共同構成了元宇宙運算體系。

由於數據的爆發，龐大數據儲存也將成為一個重要問題，正如我們在第二章討論的，為了確保數據安全和保護數權，元宇宙中的數據需要以分散式的方式進行儲存。我們常說「互聯網是有記憶的」，但事實上，我們在搜尋內容時經常發現有網頁消失、連結失效的情況，很多內容由於各種原因被修改或直接刪除。因此，目前互聯網上的內容並不是「永續的」。我們相信，未來的元宇宙肯定不會像電影《一級玩家》或《脫稿玩家》中展示的那樣，由某一家公司完全控制。元宇宙將是無數人共同創作的結晶，主要建設者是我們這些用戶。我們不可能接受自己在元宇宙上辛辛苦苦建設的家園，或是嘔心瀝血創作的數位藝術品被某個公司隨意刪除或篡改。因此，元宇宙應具有「永續性」，只要不存在合規性的問題，數位物件就應該被持續地永久保存和訪問。

因此，基於分散式儲存技術建構全新的儲存體系成為大勢所趨。利用分散式儲存體系，我們可以實現數據的永久保存、快速確權、可信共用、有序流轉和隱私保護，可以從技術層面保障數據成為數位資

---

53 華為雲 . IoT 邊緣（IoT Edge）產品介紹 [EB/OL]. 2021-07-08[2021-09-01].
　　https://support.huaweicloud.com/productdesc-iotedge/iotedge_01_0001.html

產，讓數據價值得以傳遞，實現數據價值最大化。因此，分散式儲存非常適合作為元宇宙數位世界的建構基礎。例如，星際檔案系統（IPFS）可以讓數據永久記錄，並可以拆分、加密儲存在屬於不同主體的多個伺服器上，還可以透過「內容定址」的方式快速查找，同時透過點對點的訪問方式減少對網路頻寬的消耗和依賴，甚至可以刪除重複的檔案，從而優化節約全網儲存空間。

算力領域的創新和建設將是元宇宙時代的一大機遇。META ETF 是全球第一個旨在追蹤元宇宙相關資產表現的 ETF（指數股票型基金），該基金組合主要包括全球積極參與元宇宙建設的上市公司股票。META ETF 主要布局在三大賽道。一是開發元宇宙基礎設施的公司，例如為元宇宙提供圖像技術處理算力的輝達，以及提供 VR 和 AR 相關硬體的 Facebook 和微軟。二是創建數位世界圖像引擎和開發工具的公司，例如圖像引擎公司 Unity 和 Roblox。三是元宇宙的內容、商業和社交領域的領先公司，例如騰訊和社群平台 Snapchat 等。

映射類技術雙向打通數位和物理世界

映射類技術將實現物理世界與數位世界互通與疊加，可以讓兩個世界相互感知、理解和互動。在這類技術中，數位孿生、3D 掃描、物聯網和工業互聯網都是關鍵技術。

　　數位孿生實際上是一系列技術的集合，可以讓物理世界中的實物在數位空間中創造一個數位「複製體」，並將本體的即時狀態和外界環境條件全部複現到「複製體」身上。美國《航空週刊和空間技術》（Aviation Week & Space Technology）在 2014 年曾做出預測：到 2035 年，航空公司在接收一架飛機的時候，將同時驗收另外一套擁有相同飛機尾號、極為精細的電腦模型，這個模型包括機體、引擎甚至飛行系統等所有資訊。每一架飛機都不再孤獨，因為它們都會有一個忠誠的「數位影子」，永不消失，伴隨一生（見圖 10-5）。這是對數位孿生生動的描述。科技的進步永遠比預想的要快很多，數位孿生目前在智慧製造領域已經有了較為廣泛的應用，可以實現物理工廠與數位工廠的互動與融合。

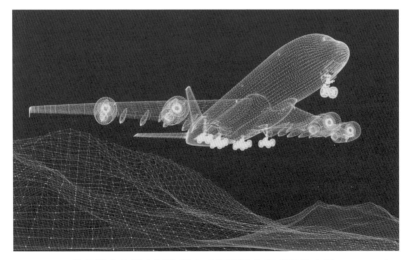

圖 10-5　數位孿生在航空製造業中已經開始應用（圖片來源：iStock）

　　美國通用公司號稱已經建立 120 萬個數位孿生體，包括噴射式飛機引擎、風力發電廠、海上石油鑽井平台等等，可以為客戶減少高達 30％的成本（迄今節約總金額高達 16 億美元），並節省高達 20％的規劃時間。在元宇宙時代，數位孿生可以建構更強大的數位孿生體，例如數位孿生城市，進而成為元宇宙數位空間的重要組成部分，實現數位世界與物理世界的融合。

　　在建立數位孿生體的過程中，3D 掃描是一項關鍵性技術。基於該技術，我們可以對物體的外形、結構及色彩進行掃描，獲得物體表面的空間座標，可以快速將實物的立體資訊轉換為電腦能直接處理的數位訊號，並將這些資訊映射到元宇宙中。常用的工具包括光達、3D 掃描器等。根據集邦諮詢的研究：2020 年，光達市場規模為 6.82 億美元，至 2025 年將增長至 29.32 億美元，年複合成長率達到 34％。法國企業 YellowScan 提供的裝在輕型無人機上的光達設備，可以幫助礦業企業低成本、無風險地進行空中勘測，從而快速、完整地蒐集整個礦區的數據，並精準計算產量和庫存資訊（見圖 10-6）。

　　物聯網實現了通訊從「人與人」向「人與物」甚至「物與物」的拓展，將各種資訊傳感設備與互聯網結合起來，極大地擴展了元宇宙的規模，可以把數位世界的指令和變化傳遞到物理世界，實現雙向互動。根據艾瑞諮詢的測算：2019 年，中國物聯網連接量達到 55 億個，而到 2023 年，該數值將增長至接近 150 億個。工業互聯網則在產業場景下，將人員、機器、物體的連接進一步強化，實現工廠內外部的全面互聯。根據美國奇異公司的預測，即使按保守估計，工業互

聯網僅讓中國的特定行業生產率和能源效率提升 1%，那也可以讓中國的航空、電力、鐵路、醫療、石油行業在未來 15 年節省約 240 億美元的成本，到 2030 年將有潛力為中國經濟帶來 3 兆美元的增長機遇。物聯網和工業互聯網將實現設備的全面互聯，可以將實體產業全面接入元宇宙，進一步加速數位經濟與實體經濟的深度融合。

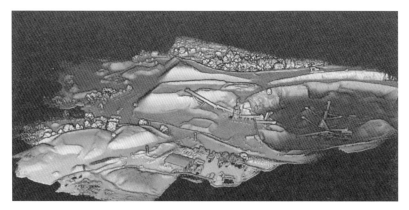

圖 10-6 利用 3D 掃描技術可以快速完整地蒐集整個礦區的數據
（圖片來源：YellowScan）

接入類技術讓人們大規模進入元宇宙

接入類技術能讓人們大規模進入元宇宙，並在數位空間和物理空間自由穿梭。接入方式會高度多元化，沉浸式接入設備有望全面普及，接入速度和穩定性也會有大幅提升。在這類技術中，VR、AR、

動作捕捉、5G 或 6G 網路、衛星互聯網等一系列新興互動和通訊技術都將是關鍵技術創新的重點方向。

VR 和 AR 等新興互動技術使得用戶能以高度沉浸的方式接入元宇宙。VR 指的是基於電腦類比產生可互動的 3D 環境，透過對使用者感官的模擬，令其產生身臨其境的臨場感；AR 則廣泛運用多媒體、3D 建模、即時追蹤、智慧互動、3D 傳感等多種技術手段，將數位世界的圖像等資訊類比模擬後「疊加」到物理世界，實現對物理世界的「增強」，從而讓兩個世界巧妙融合。

2015 ～ 2016 年出現過一波 VR 熱潮，催生了一大批創業企業，資本和行業都出現了非理性的瘋狂。但是，由於技術和生態方面的諸多限制，當時 VR 設備存在設備昂貴、內容稀缺、容易眩暈等一系列問題，用戶體驗不佳導致黏著度極低，很多用戶在嘗試體驗後就不再使用。2017 年後，熱潮退去，不少 VR 企業在資金、技術、人才方面出現嚴重短缺，無數企業因彈盡糧絕倒下。

在行業低谷期，仍有一批企業堅持創新。到了 2020 年，VR 行業迎來拐點，出貨量明顯提升。特別是在 Facebook Oculus 推出 Quest 系列新品後，一體機和閉環生態帶來的良好使用體驗以及較高的性價比使得 Oculus Quest 2 銷量超出預期，中信證券預測其 2021 年的出貨量可達 800 萬台左右。[54] 其他廠商也紛紛發力，2021 年 5 ～ 8 月，僅 HTC、Pico、惠普就推出了 5 款 VR 新品，包括針對個人的消費級

---

54 王冠然，朱話笙．元宇宙專題研究報告：從體驗出發，打破虛擬和現實的邊界 [R/OL]. 2021-06-24[2021-08-01]. https://www.eet-china.com/mp/a70274.html

產品和針對企業客戶的商用設備。在中國，VR 已逐漸在安防、房地產、教育、醫療、娛樂等領域普及。IDC（國際數據公司）統計及預測，2020 年中國商用 VR 的市場規模約為 243.4 億元，預計到 2024 年將達到 921.8 億元。VR 設備的快速普及也將進一步帶動內容產業的發展。

　　AR 則將數位資訊和元素疊加在物理世界之上，讓使用者既可以看到物理世界，也可以看到數位元素，並可以與這些數位元素進行互動，從而真正跨越數位世界和物理世界的邊界，實現兩個世界的融合。蘋果公司十分重視 AR 領域，提姆·庫克在接受專訪時表示：「AR 是虛擬世界與現實世界的疊加，不僅不會分散人類對物理世界的注意力，還會加強彼此之間的關係與合作。」

　　目前，AR 應用主要依託於智慧手機，例如 Snapchat 推出的 AR 試穿功能，讓用戶可以透過 AR 濾鏡試穿試戴時裝、潮鞋、手錶及其他配飾，從而直接看到上身效果（見圖 10-7）。這一功能在疫情期間極大地改善了用戶的購物體驗。

　　AR 技術同樣可以運用在教育中，2019 年 3 月，歐洲核子研究組織（CERN）與 Google 合作推出了「宇宙大爆炸」（Big Bang）的 AR 應用程式，透過提供互動式 AR 體驗，讓學生親身感受宇宙誕生和演化的全過程。

圖 10-7 Sanpchat 推出的 **AR** 試穿功能在疫情期間改善了用戶的購物體驗（圖片來源：**Sanp AR**）

除了基於智慧手機實現 AR 應用， AR 頭顯設備也在逐步普及。這類設備目前在一些產業場景已經開始嘗試應用。例如，微軟基於 HoloLens AR 頭顯設備推出的 HoloLogic Remote Assist 遠端服務應用程式，在諸如工廠日常巡檢和故障排查、太陽能光電設備鋪設維修遠端指導、醫療手術遠端專家支援和不靠岸船舶遠端指導維修等場景已有應用。這些場景工作複雜、不確定性強、問題需要即時處理，現場人員往往並不具備應對所有問題的專業技能。透過 AR 設備，專家可以連線現場人員，並透過現場人員的第一人稱視角，使用包括語音辨識、即時標注等多種對話模式，為現場人員提供幫助。當然，AR 頭顯的技術和應用還處於相對早期的階段，目前主要面向企業客製化市

場。AR 頭顯設備目前的全球出貨量不到 11.5 萬台，總收入僅為 1.66 億美元。[55] 但是，隨著技術的成熟，AR 頭顯設備的出貨量可能出現爆發式增長。

除了 AR 和 VR 之外，MR 也處於方興未艾的狀態。基於 MR 設備，使用者不僅能在視野中增加數位內容，還可以修改物理世界的視覺效果。比如，MR 頭顯設備可以使肉眼無法直視的燒焊場景變得清晰柔和，讓使用者可以在看清場景的同時借助疊加的數位指引展開工作。再如，在手術等臨床環境下，使用者可以像有了 X 射線般的「透視眼」一樣，很容易地確定血管位置。[56]

目前，VR、AR、MR 技術的大規模應用還存在一些現實的約束條件，離真正具有低延遲、高沉浸的理想體驗還有很長的一段路要走。以 VR 技術為例，現階段商用設備的解析度最高為 4K，據專業人士分析，至少要達到 8K 以上才能擁有非常真實的體驗，更新率也不夠理想。但是，想要突破這些瓶頸，我們除了在硬體上需要繼續研發之外，對網路、儲存、運算、電池的要求也會大幅提升。如何在這些沉浸式設備大規模接入時實現高速度、低延遲的效果，將是發展元宇宙的基本問題，也將是 5G 和 6G 時代要解決的重要挑戰。

基於動作捕捉技術的體感裝備也是未來接入元宇宙的重要工

55 華為 . AR 洞察與應用實踐白皮書 [R/OL]. 2020-07[2021-08-01]. https://carrier. huawe.com/~/media/CNBGV2/download/bws2021/ar-insight-and-application-practice-white-paper-cn.pdf
56 艾韜 . 關於智慧眼鏡，你不知道的那些冷知識和新概念 [EB/OL]. 2016-01-09[2021-08-01]. https://36kr.com/p/1721009455105

具。比如，基於數位手套和體感外套，使用者可以在數位世界中獲得真實的觸覺體驗。HaptX Gloves VR 手套由幾百個微小氣孔組成的皮膚材質製成，利用氣體膨脹激發皮膚感知，可以讓使用者手部和指尖感受到真實的觸覺反應。如果使用者按壓數位世界中的窗戶，指尖就可以體驗到觸碰玻璃的壓力感（見圖 10-8）。

圖 10-8　VR 手套讓使用者能夠「觸摸」到數位世界
（圖片來源：HaptX）

此外，用戶可以在圓形的 VR 跑步機上進行 360 度的移動，實現在數位世界的同步移動。在 Omni 生產的萬向跑步機上，人們只要穿上一個特殊的鞋子，就可以在跑步機的空間內進行奔跑、轉身、跳躍等動作。鞋子的底部裝有傳感設備，可以將跑步機上的動作同步映射到數位世界中（見圖 10-9）。

圖 10-9　萬向跑步機的使用者可以和數位分身同步移動
（圖片來源：Omni）

　　5G 網路的目標是實現高速率、低傳輸延遲、高系統容量和大規模設備連接的行動互聯網，其三大技術場景分別為增強移動寬頻、龐大機器通訊以及超可靠低時延通訊。資訊通訊技術的進一步發展是用戶大規模接入元宇宙的前提。5G 已經有了一些在元宇宙領域的早期應用，比如基於雲端運算和串流技術的「雲端遊戲」正在逐步成熟。簡單來說，雲端遊戲就是將整個遊戲邏輯和渲染處理在雲端實現，透過網路傳輸到使用者設備，並與玩家即時互動。元宇宙開放數位世界與雲端遊戲的需求有很多類似之處，但對網路的要求更高。每個使用者在數位世界看到的內容和進行的操作都是完全不同的，系統也無法預測使用者的行為。試想一下，你在數位世界中欣賞一個美妙的風景，當你轉頭的時候，由於網路延遲導致畫面品質由 4K 瞬間下降到

了 480p，並在幾秒之後才將清晰的畫面刷新出來，這樣的體驗是很難忍受的。網路延遲的程度將直接影響元宇宙用戶的體驗，高速穩定的網路將成為必需品。

應用類技術讓元宇宙持續創造新價值

應用類技術將在元宇宙中實現人機深度互動、萬物泛在互聯，智慧經濟體系將持續運轉，並創造新價值。區塊鏈、人工智慧、智慧型機器人、大數據等技術將成為關鍵技術和基礎設施建設的重點領域。

區塊鏈技術是元宇宙中最基礎、最關鍵的技術之一。區塊鏈本質上是「四位一體」的創新，是以技術創新為基礎，以數位金融為動力，以經濟社群為組織，以產業應用為價值的全方位創新（見圖 10-10）。

元宇宙不是單一的數位空間，而是無數數位空間的聚合體，基於區塊鏈才能在保證各空間獨立的同時實現全體系互聯互通。元宇宙的核心屬性之一是開源創新，包括技術的開源和平台的開源。透過制定一系列的標準和協議，我們可以實現各個數位世界在協定層和價值層的互通，從而形成整體的元宇宙。Epic Games 的 CEO 蒂姆・斯維尼（Tim Sweeney）就曾表示：「元宇宙的生態系統更需要各方面的

良性競爭，並由技術互通性標準促進……如果沒有開放的標準，壟斷平台就會從創作者的作品中獲取比創作者更多的收益，蘋果公司和Google的故事就是前車之鑑。」此外，基於去中心化的智慧合約，個人、組織甚至物體之間都可以實現高效且「無須信任」的廣泛協作，所有合約自動執行，從而讓元宇宙中的智慧經濟得以持續運轉，並創造巨大價值。

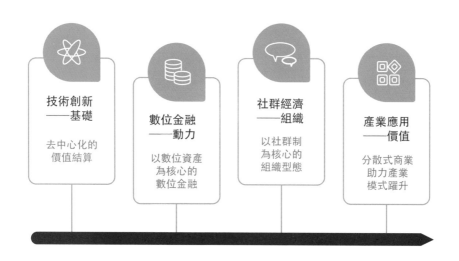

圖 10-10　區塊鏈是「四位一體」式的創新

近年來，人工智慧快速發展，在自然語言處理、電腦視覺與圖像、語音語義識別、自動駕駛等方面的技術突破及應用創新層出不窮，讓電腦也能夠執行以往通常需要人類才能完成的任務。人工智慧是元宇宙基礎性技術之一。2020 年，全球人工智慧產業規模達到

1565 億美元，同比增長 12.3％；中國人工智慧產業規模為 3031 億元，同比增長 15.1％，占全球市場規模近三成。[57] 數位人是人工智慧技術在元宇宙中的重要應用，也是元宇宙的重要組成部分。數位世界中的那些 NPC 與人工智慧技術相結合，逐步成為有形象、有身分、有故事、有情感甚至有思想的「數位人」。

早期的數位人可以理解為卡通角色或虛擬偶像。1982 年，日本動畫《超時空要塞》受到了觀眾的廣泛歡迎，動畫製作方以女主角林明美（Lynn Minmay）的名義將主題曲製成專輯並發售，該專輯一度衝進日本音樂排行榜 Oricon 的前十名。當時，數位人主要依靠手繪來實現。而隨著 CG 技術、動作捕捉、3D 渲染、全息投影以及人工智慧技術的發展，數位人突破了原有技術的限制，在表情、肢體、服裝等細節上可以實現超高精度建構，形象越發逼真。同時，在人工智慧技術的完善下，數位人變得更加智慧，可根據即時資訊給出更多個性化回饋。初音未來（Hatsune Miku）就是這個階段的重要代表，也是世界上第一個使用全息投影技術舉辦演唱會的虛擬偶像。類似的案例還有基於 VOCALOID 中文聲庫的虛擬形象洛天依，她在 2021 年中國中央電視台春節聯歡晚會上曾與王源和月亮姐姐聯合出演節目《聽我說》。此外，影音和直播平台上出現了一些虛擬主播。2016年 11 月，日本虛擬偶像絆愛（Kizuna AI）在 YouTube 等多個串流媒體平台上開設頻道，擁有近 300 萬粉絲。中國的虛擬主播小希也在

57 張漢青 . 人工智慧推動經濟向智慧化加速躍升 [N/OL]. 2021-01-28[2021-08-01].
http://www.jjckb.cn/2021-01/28/c_139703262.htm

2017 年於嗶哩嗶哩上開播，粉絲數也達到了近 60 萬。到 2020 年，嗶哩嗶哩平台上已經有 32412 名虛擬主播，同比增長 40％。根據艾媒諮詢的測算，2021 年的虛擬偶像及周邊市場規模或超過 1000 億元。

　　如果說林明美、初音未來、洛天依和絆愛等虛擬偶像還僅僅停留在二次元世界中，那麼隨著技術的疊代更新，數位人開始成為我們社會生活的一部分。2018 年，搜狗與新華社聯合發布全球首個全模擬智慧 AI 主持人，能夠將輸入的中英文文本自動生成新聞播報影片，並確保影片中的聲音和數位主持人的表情、唇動保持自然一致。另外一個例子是由燃麥科技打造的 AYAYI。在外觀上，AYAYI 和現實中的人類非常接近，不僅在皮膚、頭髮外觀上做到了高強度還原，還可以根據不同光照情況呈現出自然的效果。AYAYI 也有自己的工作。2021 年 9 月 8 日，天貓官宣 AYAYI 成為阿里巴巴集團的首位數位員工，並擔任天貓超級品牌日首位數位主理人（見圖 10-11）。那一天，AYAYI 帶來了她親手設計的第一款禮物：NFT 月餅。AYAYI 未來還將會擁有數位策展人、NFT 藝術家、潮牌主理人等多個身分。新華社數位記者、數位太空人小諍，曾跟隨三名太空人搭乘神舟十二號升空，從外太空向地球發回了報導。此外，還有在北京清華大學電腦科學與技術系知識工程實驗室學習的 2021 級數位學生華智冰。這些基於人工智慧且具備現實身分的數位人，將成為和我們共同創造元宇宙的重要角色。

　　目前，數位人主要分為服務型數位人和身分型數位人兩大類。其中，服務型數位人在特定場景提供服務，可替代諸多服務行業的社

會角色，例如銀行經理、企業客服、醫療顧問、管家等。服務型數位人在具體的應用場景中產生價值，透過人工智慧驅動，降低服務型產業的成本，推進業務流程的自動化，實現降本增效。

而身分型數位人則是透過建立新的虛擬形象，實現在文娛領域落地，包括數位偶像，數位主播等等，可以透過品牌代言、品牌聯動、宣傳合作等方式實現應用，或者透過遊戲直播、演唱會、周邊販賣等方式獲取價值。根據艾媒諮詢的資料顯示，2020 年中國數位偶像核心市場規模為 34.6 億元，預計 2021 年為 62.2 億元；2020 年數位偶像帶動周邊市場規模為 645.6 億元，預計 2021 年為 1074.9 億元。

未來隨著人工智慧技術的發展，元宇宙時代將會出現更加智慧的數位人，數位人的應用也將在更多場景進一步擴展。量子位發布的《虛擬數位人深度產業報告》預測，到 2030 年中國虛擬數位人整體市場規模或將達到 2700 億元，其中身分型虛擬數位人的市場規模預計為 1750 億元，占主導地位；而服務型虛擬數位人的總規模則有望超過 950 億元。

發展元宇宙技術創新是關鍵。想要在元宇宙時代實現彎道超車，我們就必須加快推動雲端運算、分散式儲存、物聯網、VR、AR、5G、區塊鏈、人工智慧等前沿數位技術集成創新和融合應用，加快建構新型基礎設施。2020 年 4 月，中國國家發改委確定了新型基礎設施建設的範圍，包括資訊基礎設施、融合基礎設施、創新基礎設施三個方面。其中，資訊基礎設施包括以 5G、物聯網、工業互聯網、衛星互聯網為代表的通訊網路基礎設施，以人工智慧、雲端運算、區

塊鏈等為代表的新技術基礎設施，以數據中心、智慧運算中心為代表的算力基礎設施。

圖 10-11　AYAYI 成為阿里巴巴集團的首位數位員工
（圖片來源：天貓超級品牌日微博）

　　世界上很多國家政府也在積極關注並推動元宇宙的發展。2021年 7 月 13 日，日本經濟產業省發布了《關於虛擬空間行業未來可能性與課題的調查報告》，對企業進入虛擬空間行業可能面臨的各種問題進行分析，並審視虛擬空間的未來前景。

　　2021 年 5 月 18 日，韓國科學技術情報通信部發起成立了「元宇宙聯盟」，以此支援元宇宙技術和生態系統的發展。該聯盟由 17家公司組成，主要包括電信營運商 SK 電信、現代汽車以及韓國行動互聯網商業協會等企業和組織。2021 年 8 月 31 日，韓國財政部發布

2022 年預算，在數位新政項目中，計畫投入 2000 萬美元用於開發元宇宙平台，並將斥資 2600 萬美元開發數位證券相關的區塊鏈技術。2011 年 11 月 3 日，首爾市政府公布了到 2026 年的「元宇宙首爾推進基本計畫」，包含元宇宙政策的中長期方向和戰略，以及建立元宇宙平台的計畫。這是「首爾願景 2030」中核心戰略的重要組成部分。從 2022 年起，首爾將透過元宇宙平台，在經濟、文化、旅遊、教育、民訴等所有行政服務領域實施元宇宙生態服務。

　　在中國，2022 年 1 月工業和信息化部中小企業局表示，要搶抓國家推進新基建、大力發展數位經濟的大好機遇，特別要注重培育一批進軍元宇宙、區塊鏈、人工智慧等新興領域的創新型中小企業。不少地方的政府也在採取積極措施發展元宇宙。北京市啟動城市超級算力中心建設，推動組建元宇宙新型創新聯合體，探索建設元宇宙產業聚集區。上海市在《上海市電子資訊製造業發展「十四五」規劃》中提到，要前瞻部署量子計算、第三代半導體、6G 通訊和元宇宙等領域。同時，支援滿足元宇宙要求的圖像引擎、區塊鏈等技術的攻關，鼓勵元宇宙在公共服務、商務辦公、社交娛樂、工業製造、安全生產、電子遊戲等領域的應用。浙江省在《關於浙江省未來產業先導區建設的指導意見》中，將元宇宙與人工智慧、區塊鏈、第三代半導體並列作為浙江省到 2023 年重點未來產業先導區的布局領域之一。武漢市將元宇宙寫入政府工作報告，提出要加快壯大數位產業，推動元宇宙、大數據、雲端運算、區塊鏈、地理空間資訊、量子科技等與實體經濟融合，建設中國新一代人工智慧創新發展試驗區等。

　　在各國政策與規劃的引領之下，未來的關鍵核心技術將加速創新，新型基礎設施將加速建設，並將推動元宇宙的建設和發展，讓元宇宙的黃金十年真正來臨。

第十一章

如何把握元宇宙時代的機遇

元宇宙與我們每個人都息息相關。在元宇宙時代，每一個產業和每一種職業都將發生重大改變，影響每個人的未來發展。元宇宙帶來的機遇遠大於挑戰，我們只要勇於改變，跟上時代的步伐，就能迎來更好的未來。

　　我們需要「元宇宙新思維」（**元宇宙新思維＝技術思維 × 金融思維 × 社群思維 × 產業思維**）。我們要掌握與數位世界高效互動的技能，成為具有「專業技能＋數位化技能」的複合型人才。我們也要勇於探索元宇宙時代的創業機遇，在元宇宙中取得屬於我們的成就。

　　探索元宇宙的意義可與發現新大陸、探索宇宙空間相提並論。元宇宙既是新物種，也是孕育更多新物種的母體，將會引領人類走向更高階的「數位文明」。每一次人類文明的演進往往會經歷新技術、新金融、新商業、新組織、新規則、新經濟、新文明七個階段，其中蘊含著史詩級機遇。

元宇宙時代的職業機會

德國哲學家萊布尼茲說：「世界上沒有完全相同的兩片樹葉。」這在物理世界中是大家公認的規律，但在數位世界中並不那麼容易實現。每個人都希望自己在數位空間中的化身是非常獨特的理想形象，但僅靠自己的努力很難塑造出令自己滿意的形象，於是就出現了「捏臉師」這個全新的職業。他們可以根據你的描述，幫你用數位世界中的工具捏出你心目中的理想形象，也可以幫你設計合適的服飾、配飾，從而幫你在數位世界中打造獨一無二的數位形象，這就是所謂的「捏臉」。

現在，遊戲中「捏臉」的自由度非常高（見圖 11-1）。不少玩家在玩遊戲之前都會用很長的時間來捏臉，甚至有時候比玩遊戲本身的時間還長，這就是網上戲稱的「捏臉三小時，上線一分鐘」。但很多時候，我們用三小時打造出來的數位化身並不能滿足自己的審美需求，這時就可以求助專業服務人士。我們在淘寶上搜尋了「捏臉」，發現不少店鋪的銷量已經破萬，每個買家在單次消費中的平均消費金額還不低。「捏臉師」早已悄然成為一種新興職業，且頗具市場規模。

2021 年 4 月，嗶哩嗶哩聯合 DT 財經發布了一份有趣的報告——《2021 年青年新職業指南》，其中列出了一些比較有趣的新職業，比如 UP 主、短影音策劃師、直播選品師、酒店測評師（酒店試睡員）、劇本殺設計師、球鞋鑑定師、寵物偵探等等。這些職業有個共同點，

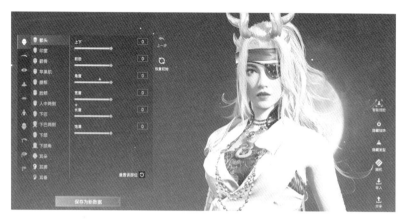

圖 11-1 「捏臉師」已經悄然成為一種新興職業
（圖片來源：遊戲《永劫無間》，開發商網易遊戲）

就是需要強大的創造力。麥肯錫認為，到 2030 年，全球將有 8 億個工作會被機器人（或人工智慧）替代，某些職業會發生重大改變，另一些則會徹底消失。自動化或智慧化對強管理屬性、強專業屬性和強溝通屬性的職業影響比較小，因為機器在這些領域的表現還無法與人相比。未來，用人需求將持續增長的職缺包括醫療服務者、工程師、資訊技術專業人員、經理和管理人員、教育工作者、創意工作者等等。

在元宇宙時代，人工智慧和智慧型機器人都將成為數位社會的重要組成部分，它們勢必會取代部分現有的工作（見圖 11-2）。但是，以創意為核心的職業，不僅無法被機器模仿，還將在元宇宙中展現出更大的價值。比如劇本殺設計師，實際上扮演的是劇本情節的導演和指揮家的角色，需要發揮自己極強的創造力、同理心以及寫作技巧。他們要讓玩家沉浸其中，並與故事情節建立情感脈搏。

　　隨著元宇宙熱度的不斷提升，相關職缺的「搶人大戰」已悄然興起。在招聘平台上，包括元宇宙建設工程師、元宇宙產品經理、元宇宙遊戲企劃、場景概念設計師甚至是數位建築設計師、數位形象設計師等新興職缺都已開始逐步成為熱門，高階人才的年薪甚至超過了100萬元。招聘這些職缺的公司既有創業團隊，也有互聯網巨頭，甚至一些傳統行業的上市公司也為這些人才拋出了橄欖枝。

　　根據路透社報導，Facebook計畫未來五年內在歐盟創造一萬個工作職缺推進元宇宙的建設。運動品牌Nike也發布了包括元宇宙總監、高級3D遊戲設計師等多個元宇宙相關職位的招聘需求。騰訊也啟動了相關招聘，包括3D場景、角色原畫、3D角色等領域。華為在2021年校招中開啟了VR／AR相關的元宇宙職缺招聘。

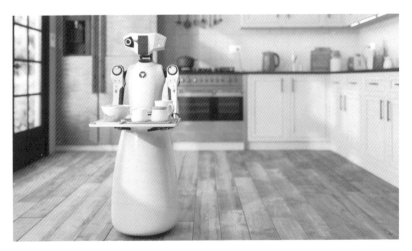

圖11-2　智慧型機器人將替代一些人類的工作（圖片來源：視覺中國）

　　此外，在元宇宙中，還將湧現一批全新的職業，比如數位藝術家、元宇宙導遊、數位土地建築師等。這些職業並不只存在於想像中，早在 2018 年，就有人開始從事數位土地評估的業務，並根據位置、周邊熱門場景等因素對 Decentraland 中的數位土地進行估價了。

　　元宇宙中的數位世界與物理世界高度融合，一切都會高度數位化並以數據的型態存在，而數據會根據程式碼規則運行。要在元宇宙中立足，一個人可以不懂程式設計，但一定要擁有與數位世界高效互動的技能，所有工作對數位技能的要求都會大幅提升。

　　新冠肺炎疫情爆發後，這個趨勢越發明顯。各行各業都在加速數位化，但很多員工在應用新技術方面的技能不足，成為新技術應用的最大阻礙。因此，某些有遠見的公司開始對全體員工展開數位技能培訓，比如數據分析和程式設計等方面的課程（見圖 11-3）。

圖 11-3　數據分析和程式設計等方面的技能越發重要
（圖片來源：視覺中國）

　　英國《金融時報》報導：「像許多金融企業一樣，美國銀行的數位業務也面臨技術員工短缺的問題。該銀行的應對方式是轉向內部，透過一所內部線上『大學』重新培訓員工。」美國銀行在 2018 年就設立了專門的培訓部門，為全體員工提供帶薪培訓，培訓員工的程式設計和數據分析等數位技能。

　　除了美國銀行外，摩根大通最近幾年也非常重視對員工進行程式設計方面的培訓，在相關培訓項目上投入了數億美元，甚至規定在 2018 年後入職的資產管理分析師必須接受 Python 培訓。在摩根大通眼中，未來商業的語言就是電腦程式，想要在 21 世紀保持競爭力就必須知道如何設計程式。基於對電腦程式的深入理解，業務團隊可以和技術團隊使用相同語言，為使用者提供更好的工具和解決方案。[58] 領英同樣認為，未來對自帶數位化基因的原生職位需求將迅速增長，數據分析能力會成為眾多職位必備的職業技能。具有「專業技能＋數位化技能」的複合型人才在求職過程中將更具競爭力。[59]

　　誠然，培養數位化技能並非易事，很多人對數位化應用的理解相對碎片化、不成體系，很難實踐。其中的一個重要原因是，要找到可靠的課程和學習資源並不容易。在元宇宙時代，數位應用的知識體系將進一步系統化、融合化，這就需要能提供相應理論和課程的專業

58 Tom Loftus. The Morning Download: JPMorgan Chase Makes Coding Literacy a Requirement[EB/OL]. 2018-10-08[2021-08-01]. https://www.wsj.com/articles/the-morning-download-j-p-morgan-makes-coding-literacy-a-requirement-1539000360

59 領英 . 2021 年中國新型職位趨勢報告 [R/OL]. 2021-06[2021-08-01]. https://business.linkedin.com/content/dam/me/business/zh-cn/talent-solutions/Event/2021/june/emerging-job/2021-emerging-job-report.pdf

教育機構。正是由於這個原因，作者于佳寧在 2018 年創辦了「火幣大學」。火幣大學聚焦於區塊鏈技術新應用、數位金融新體系、分散式商業新模式等數位經濟前沿領域的教育和研究，以「連結產業、賦能實體」為校訓，以培養區塊鏈和數位經濟領域頂級企業家為核心使命，已經成為具有全球影響力的區塊鏈教育機構。火幣大學在線上和線下均定期開設課程，在深圳、杭州、舊金山、東京、首爾、新加坡等全球十餘個區塊鏈創新聚集城市開課，為全球區塊鏈產業培養了大批精英人才，培訓學員累計超過 5 萬人。火幣大學讓學員的「專業技能」和「數位化技能」相結合，使其掌握變革時代所必備的知識體系，從而推動區塊鏈等數位技術持續賦能實體經濟，建構更加美好的數位化未來。

專欄：個人如何應對元宇宙的職業新挑戰？

技術永遠是不斷進步的，歷史上任何一次技術的升級疊代，都會淘汰一批職業，也會帶來新機遇。當新的技術變革已經「兵臨城下」，人工智慧和智慧型機器人已經準備接手我們工作時，我們只有積極改變自己，讓自我的思維和技能趕上時代的步伐，才能直面元宇宙時代的全新機遇和挑戰。我們給出四點建議。

養成「元宇宙新思維」。 在元宇宙中，職業轉型的本質是思維方式的變化。只有打通思維層面的壁壘，我們才有機會在元宇宙時代大展宏圖。元宇宙新思維包含了四個層面。首先是技術思維，元宇宙

的發展由數位技術創新驅動。要真正理解元宇宙，我們需要充分理解技術，捕捉技術的演進方向，這樣才能看清元宇宙未來的宏大圖景。其次是金融思維，金融能夠在時間維度上調配資源。在實體資產全面上鏈、數據全面資產化的情況下，數位金融將成為元宇宙持續發展壯大的關鍵動力。因此，只有掌握金融思維，我們才能好好利用數位金融這個強大的工具。再次是社群思維，經濟社群將成為元宇宙時代主要的組織方式。但是，經濟社群在治理方式、分配邏輯、運行模式等方面與公司等傳統組織差別很大。因此，只有深入理解，我們才能在新型組織中發揮自我價值。最後是產業思維，元宇宙中的經濟是數位經濟與實體經濟的深度融合。元宇宙的關鍵價值在於賦能實體經濟，所有行業都值得到元宇宙中重做一次。只有理解元宇宙時代的產業邏輯，我們才能把握元宇宙時代真正爆發的機遇。請注意，元宇宙新思維並不是四大思維的簡單疊加，而是要實現深度整合、互為槓桿的倍增效應（見圖11-4）。元宇宙新思維是探索元宇宙的全域地圖，也是未來新世界最關鍵的思維方式。

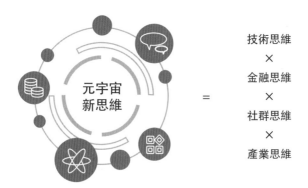

圖 11-4　元宇宙新思維是探索元宇宙的全域地圖

　　提前規劃個人的職業轉型。元宇宙將對每個人的未來發展產生重大影響，每個人都應該深入思考自己在元宇宙時代的職業發展和核心競爭力。元宇宙將是一個自由、開放、多元化世界，物理世界中的各種資源約束有望消失，每個人都有機會成為自己想要成為的樣子，創造力將成為最重要的制勝要素。因此，在規劃未來職業發展時，我們應該充分聆聽自己內心的聲音，找到自己熱愛的發展方向。此外，為了適應元宇宙的挑戰，我們必須堅持終生學習。要注意的是，未來的學習方式不再是簡單透過書本學習已經成熟的知識，而是在元宇宙的廣闊天地中不斷地探索無限可能。每個人都有機會將自己的體驗總結形成新的知識，並把這些新知識廣泛傳播，從而讓更多的人能夠擁抱元宇宙。

　　積極參與社群協作。我們大多數人比較適應公司制組織下的工作方式，但是隨著經濟社群時代的來臨，每個人的工作和協作方式都會發生根本性變化。從現在開始，我們就應該開始嘗試參與一些社群建設。注意，我們不要僅僅站在旁觀者的視角參與一些活動，而是要找到自己在社群中的定位和貢獻方式。在社群協作中，每個人的優勢都可以得到充分的發揮。比如：擅長編寫程式的程式設計師可以對項目提出改進建議，修改和完善代碼；擅長溝通協作的人可以參與策劃社區活動，擴大項目影響力。在新的協同關係下，無論能力大小或資源多寡，每個人都能產生巨大價值，都能得到合理的價值分配。

　　維護自己數位信用和數位形象，建立數位社交關係網。在元宇宙中，每個人的「數位足跡」會逐步凝結成數位信用，並與數位身分

綁定。雖然我們並不需要擔心隱私洩露等問題，但是在參與社群協作或是與其他元宇宙居民建立合作關係時，我們很可能會被要求透過某種方式驗證數位信用。因此，良好的數位信用將成為我們在元宇宙中至關重要的「通行證」。此外，數位形象也至關重要，它會決定每個人在元宇宙中給別人的第一印象。數位形象包括數位分身外形、自己創作或收藏的數位藝術品、自己參與建設的數位建築甚至互動過的智慧合約等。我們的人際交往方式也會發生變化，隨著數位生活與社會生活的融合，每個人在元宇宙中都可能有很多素未謀面或遠隔千里的「知心好友」，數位社交關係網將對我們越來越重要。

　　當然，現在元宇宙已經成為社會高度關注的創新方向，但是一些公司打著元宇宙的概念進行炒作，存在一定的風險，建議讀者切勿盲目跟風。當前元宇宙相關的數位技術尚不成熟，應用嘗試也可能會失敗，相關的公司或項目還處於早期階段，相關的投資項目也有著較高的風險。本書對部分公司和應用項目的案例進行了研討，僅為討論元宇宙時代可能出現的新趨勢，並不推薦任何具體的股票證券或數位資產，更不構成任何投資建議。我們需要嚴格遵守所在地的法律要求，警惕那些打著元宇宙、NFT 旗號的欺詐或非法專案，謹防落入詐騙陷阱。

迎接元宇宙時代的創業浪潮

　　影片博主李子柒是近年來在全球互聯網上受到大量關注的網紅影片博主，她用鮮花做胭脂、用葡萄皮染布、用竹子做沙發，會抻拉麵吊柿餅、挖蓮藕做藕粉，釀酒釀醬油釀桂花蜜。心靈手巧，勤勞能幹，動能騎馬駕轅，靜能繡花紡線。她的影片中充滿詩意的田園生活和博大精深的中國傳統文化吸引了來自世界各地的粉絲。2021年1月李子柒以1410萬的 YouTube 訂閱量刷新了「最多訂閱量的 YouTube 中文頻道」的金氏世界紀錄稱號（圖 11-5）。2020 年，「李子柒」品牌商品的銷售額達到了 16 億元。

圖 11-5 李子柒透過影片記錄了很多人十分嚮往的田園生活
（圖片來源：李子柒 Youtube 頻道）

很多人說李子柒是「被互聯網選中的人」，也應看到她創業成功之前的磨練和準備。李子柒童年不幸，早年喪父喪母，6歲時就被繼母虐待，爺爺去世後與奶奶相依為命。14歲的李子柒曾前往城市打拚，在奶奶一次重病之後，決定回家照顧和陪伴奶奶。回到家鄉後，發覺了網路的影音平台和網紅崛起的大趨勢，便自學了影片拍攝和剪輯等相關專業知識，並開始拿著手機拍攝自己在農村的生活。即使後來有了內容團隊，李子柒依然是自己在主導影片內容創作，精益求精。一個16分鐘的蠟染影片，就花了她將近一年的時間去準備，從播種蓼藍種子，到白布浸泡變色，反覆曬反覆染，最終做了上衣、斗篷、枕套、被套及掛簾，這樣的執著精神和耐心也難能可貴。

Web 1.0～2.0的發展帶來了巨大的「通訊技術紅利」，微信、淘寶、美團、抖音等大量的互聯網平台湧現，很多人也找到了在互聯網時代屬於自己的創業機遇，李子柒就是其中的傑出代表。在元宇宙時代，一定會掀起新一波的創業浪潮，元宇宙將成為創新創業的主戰場，所有行業都值得在元宇宙中重做一次。事實上，嗅覺敏銳的創業者們已經開始進行元宇宙建設的探索，並已經取得了豐碩成果。

在2014年被Facebook以23億美元收購的虛擬實境初創公司Oculus，其背後是一個20多歲的年輕人帕爾默‧拉奇（Palmer Luckey），他身上匯聚了矽谷、輟學、車庫創業三個不成文的美國「創業元素」。2009年，年僅16歲的拉奇想要尋找一款好用的VR頭顯設備，於是以低價買到了很多奇奇怪怪的設備，但其中沒有一款是令他滿意的。於是，他決定自己在車庫裡動手。他把這些設備拆卸，弄

明白其中的原理，再嘗試改裝成自己喜歡的樣子。一年後，拉奇進入大學，在業餘時間裡組裝出了第一台 VR 設備樣品機。他很快便決定堅持自己的夢想，選擇離開學校，成立了 Oculus 公司。

2012 年 8 月，他的第一版產品 Oculus Rift 出現在眾籌平台 Kickstarter 上，經過一個月的展示，總共獲得了 243 萬美元的眾籌支持資金，比團隊預期的 25 萬美元多了 9 倍。2013 年 8 月，首批 Oculus Rift 虛擬實境頭顯設備發售，並於一個月後在全球規模最大、知名度最高的互動娛樂展示會 E3 大展上獲得了「年度最佳遊戲硬體」的提名。拉奇把這款產品命名為 Rift（裂縫），希望這款產品和它的名字一樣，可以成為跨越數位世界和物理世界鴻溝的橋梁。之後，Facebook 重金收購 Oculus，這使 Oculus 產品快速疊代（見圖 11-6），也使得祖克柏和拉奇有機會成為元宇宙的建構者和領軍人物。

圖 11-6　Oculus 最新產品 Quest2（圖片來源：Oculus）

那麼，創業者應該如何把握元宇宙的創業浪潮？根據作者于佳寧的經驗，想要取得一個成就，無論大小，我們都需要做到三個關鍵

字：思考、行動、堅持。對此，作者給出如下三點建議。

　　第一，深入地「思考」。元宇宙是這個時代的超級大機遇，是一條長期賽道，所以努力洞明事物的本質比著急地行動更有必要。我們應該用相當多的時間和精力來研究，努力把元宇宙的本質真正搞清楚、想透徹，找到自己的定位和方向，充分盤點資源，再投身其中，這樣才有機會在未來的長跑中領先並勝出。

　　第二，經過仔細思考，我們如果確實在大趨勢中找到了與自己的資源和能力相符合的細分賽道，也發現該賽道確實是自己願意投身奮鬥的領域，就應該快速地「行動」，堅決 All-in 這項事業。每一次大的紅利，都會有一個短暫的空窗期，偉大的公司往往都把握住了空窗期並堅定入場，才有機會取得大成就。元宇宙創業的空窗期已經來臨，所有人都站在同樣的全新起跑線上。只要找對了方向，任何人都有機會取得巨大成就。

　　第三，一旦開始行動，我們就應該絕對「堅持」。根據互聯網的創業經驗，能夠笑到最後的往往並不是那些含著金湯匙的創業者，也不是那些創業明星，反而是那些心中有光的耐力型選手。他們將目光穿越到未來，心無旁鶩，瞄準目標，堅持奔跑。任何偉大賽道都不是永遠平坦，再好的機會也會遇到坎坷。只有堅持長期主義，我們才能享受到巨大的紅利。

攜手創造偉大的數位文明

　　人類對新事物總是充滿著好奇。2021 年 7 月 20 日，亞馬遜創始人傑夫・貝佐斯（Jeff Bezos）和他的弟弟馬克・貝佐斯（Mark Bezos）、82 歲的前宇航訓練生沃利・馮克（Wally Funk）、18 歲的高中畢業生奧利弗・戴蒙（Oliver Daemen）搭乘貝佐斯投資的太空探索公司藍色起源（Blue Origin）的火箭，成功進入太空並安全返回。他們四個人在全程沒有太空人陪伴的情況下，持續體驗 4 分鐘的失重狀態，成為太空上第一批來自民間的探索團隊。另外一位熱衷於探索宇宙的就是科技狂魔伊隆・馬斯克。在搜尋引擎上，和馬斯克關聯度最高的詞條除了「特斯拉」之外，就是「火星」，他多次明確表示希望可以把人類文明帶到火星上。2002 年，馬斯克創立太空技術探索公司 SpaceX（見圖 11-7）。2017 年，馬斯克宣布啟動地外行星與衛星殖民化計畫，包括建成月球基地和永久的火星殖民地。

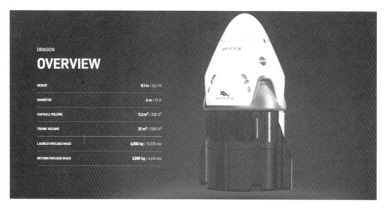

圖 11-7　SpaceX 研發的載人飛船 Dragon（圖片來源：SpaceX）

　　人類探索宇宙已經有幾十年的歷史，航太科技的發展深刻地改變了每一個人的生活。透過無處不在的衛星系統，我們可以在手機上使用導航定位。透過把農作物種子送到太空，我們可以獲得很多農業作物新品種。那些監測太空人身體數據的傳感系統後來成為重症監護系統，挽救了很多生命。

　　人類上一次大規模探索「新大陸」的歷史應該追溯到 15 世紀到 17 世紀的大航海時代。一大批航海家歷盡千難萬險，尋找到了「新大陸」，讓東西方之間的文化貿易交流開始大量增加，將整個世界真正連接起來。地理大發現也促進了新技術的發明和金融領域的新革命，催生了中央銀行、股份公司等「新事物」的誕生，這些商業模式和組織方式沿用至數百年後的今天。

　　現在，我們對元宇宙的堅定探索，正是在為人類的進一步發展探尋「新數位空間」。地理大發現催生了新組織方式和新金融體系的建立，對宇宙的探索極大促進了基礎科學研究，並讓新興技術加速產業化。現在，我們即將步入元宇宙大創造的時代，一切又將重演（見圖 11-8）。元宇宙既是新物種，也是孕育新物種的母體，將成為徹底改變我們生活方式的「數位新大陸」，並開啟一個大創造的新紀元，引領人類走向更高階的「數位文明」。

　　回顧往昔，每一次人類文明的演進往往會經歷新技術、新金融、新商業、新組織、新規則、新經濟、新文明七個階段（見圖 11-9），從新技術的創新和應用開始，建構相符合的新金融體系，並孕育新的商業模式，從而跨越鴻溝、實現普及，進一步催生新的組織型態，推

動制定新的規則，進而重塑形成新的經濟體系，最終引領社會走向新
的文明型態。

圖 11-8　我們即將步入元宇宙數位文明時代（圖片來源：iStock）

圖 11-9　人類文明的演進往往會歷經七個階段

元宇宙又將怎樣帶我們步入新的數位文明呢？

第一步是新技術。元宇宙是由數位技術驅動的，建設元宇宙的本質是技術創新。時至今日，區塊鏈、VR、AR、人工智慧、雲端運算、物聯網、大數據等技術已逐漸成熟，並實現融合發展，為元宇宙奠定了堅實基礎。當然，技術的發展沒有盡頭，所有的技術都將持續疊代。想要讓元宇宙發展壯大，關鍵在於加快核心技術的自主創新。

第二步是新金融。美國加州桑德希爾路（Sand Hill Road）上的頂級風投機構和納斯達克引入的電子交易系統，讓互聯網企業的創新創業沒有了後顧之憂，為矽谷的崛起和繁榮奠定了關鍵基礎。新金融既是技術創新的應用成果，又是讓新技術應用走向廣闊天地的強大保障。元宇宙同樣要有相符合的金融體系作為保障，基於數位資產和DeFi的「去中心化可程式設計性」數位金融新體系將為元宇宙持續發展提供關鍵動力。

第三步是新商業。互聯網時代上的「顛覆式創新」在於出現了雙邊市場、平台經濟等全新商業模式，讓全球的買家和賣家可以直接連接，從而實現了商業體系的「去仲介化」，形成了全球統一大市場，因此創造了無數的就業和創業機會。在元宇宙中，數位經濟與實體經濟深度融合，產業全面實現數位化，數位實現資產化，商業可以突破資源條件約束形成全新的數位財富創造機制，商業模式將迎來再一次的大革新。

第四步是新組織。互聯網公司透過員工選擇權讓員工也能分享公司價值，實現了組織和分配方式的創新以及組織活力的爆發，這是

互聯網繁榮背後的力量。到了元宇宙時代，經濟社群將成為主流組織方式，DAO 的治理機制會廣泛流行，人數眾多的數位貢獻者也能得到公平的長期價值分配，每個人都有機會參與到那些改變世界的偉大事業中去，社群的生態價值會快速擴展，從而帶動元宇宙發展繁榮。

第五步是新規則。近年來，世界上很多國家和地區都發布了針對互聯網行業的法律法規和政策，一方面促進數位經濟發展，另一方面透過保護個人隱私資訊和打擊濫用市場支配地位的壟斷行為引導互聯網走向良好秩序。元宇宙也是有主權的數位空間，因此各國也會逐步頒布針對元宇宙的新規則，法律法規的執行會更多地基於智慧合約實現。

第六步是新經濟。隨著規則的完善，新的經濟體系將逐步誕生。在互聯網時代，數位經濟從理論走向了現實，並成為各國經濟發展的動能。在元宇宙時代，升級版的數位經濟新型態會出現，並且會形成真正的智慧經濟體，從而開啟全新的經濟週期。

第七步是新文明。在前六步的基礎之上，元宇宙會改變人們的生活方式和社會面貌，讓數位世界與物理世界融合、數位經濟與實體經濟融合、數位生活與社會生活融合、數位資產與實體資產融合、數位身分與現實身分融合，從而引領人類走向更加偉大的數位文明。

正如威廉·吉布森所言，「未來已來，只是尚未流行」。未來十年將是元宇宙發展的黃金十年，也將是數位財富的黃金十年，創新的空窗期再次悄然開啟。希望本書能激發你一起思考元宇宙、參與元宇宙、創造元宇宙。讓我們踏上開創元宇宙的新征程，一起攜手創造

新的數位文明（見圖 11-10）。

　　因為理解，所以信仰；因為信仰，所以堅持；因為堅持，所以成就。與諸君共勉！

圖 11-10　元宇宙將引領人類走向新的數位文明（圖片來源：視覺中國）

附錄一　從NFT看元宇宙

（圖片來源：Dapper Labs）

NFT 名稱：創世貓（Genesis）
作品型態：遊戲道具
鑄造方：謎戀貓（CryptoKitties）
鑄造時間：2017 年 11 月 23 日
鑄造數量：1
拍賣時間：2017 年 12 月 2 日
NFT 內容：創世貓是謎戀貓創造出的
　　　　　第一隻「謎戀貓」。

（圖片來源：Sky Mavis）

NFT 名稱：Angel
作品型態：遊戲道具
鑄造方：Axie Infinity
鑄造日期：2018 年 3 月 27 日
鑄造數量：1
拍賣時間：2020 年 11 月 6 日
NFT 內容：這隻 Axie 包含多種稀有特
　　　　　性，憑藉這些稀有的基因
　　　　　成為當時成交價排名第一
　　　　　的 Axie。

（圖片來源：班・莫斯利）

NFT 名稱：《魔法星期一》（MAGIC MONDAY）

作品型態：圖片

鑄造方：班・莫斯利（Ben Mosley）

鑄造數量：1

販售平台：TeamGBNFT.com

販售價格：5,400 英鎊

販售內容：原始作品的高解析度數位圖像，繪製該作品的全程記錄影片，由藝術家手工裝飾的作品物理印刷版。

NFT 內容：2021 年 7 月 26 日，英國運動員在東京奧運會上獲得了三枚金牌和兩枚銀牌，這一天被英國媒體稱為「魔法星期一」，該藝術作品就是為了紀念這一天而創作的。該系列 NFT 由英國奧運代表隊 Team GB 與 NFT 服務商 Tokns 合作推出，作品包含奧運選手的成績紀念品、慶祝英國參加奧運會 125 週年的藝術品等。

（圖片來源：Terra0）

名稱：《攝氏 2 度》（Two Degrees）
類別：影片
鑄造方：Terra0
鑄造數量：1
鑄造時間：2021 年 5 月 12 日
拍賣機構：蘇富比
拍賣日期：2021 年 6 月 10 日
拍賣價格：37,800 美元
NFT 內容：一段 20 秒的德國南部森林 3D 掃描影片，畫面上疊加了自毀警告。
　　　　　Terra0 創建了一個智慧合約，當 NASA（美國國家航空暨太空總署）
　　　　　發布的年平均氣溫上升值超過攝氏 2 度時，該 NFT 將自毀。

（圖片來源：Beeple）

名稱：《每一天：前 5000 天》（Everydays: The First 5000 Days）
類別：圖片
鑄造方：Beeple（邁克‧溫克曼）
鑄造數量：1
鑄造時間：2021 年 2 月 16 日
拍賣機構：佳士得
拍賣日期：2021 年 5 月 11 日
拍賣價格：69,346,250 美元
NFT 內容：融合了 5000 件 Beeple 早期藝術作品，是他作為藝術家的職業生涯
　　　　　的完美展示。截至 2021 年 9 月，這件作品是成交價最高的 NFT。

```
Anchor.m
 /*      Hypertext "Anchor" Object                          Anchor.m
 **      ===========================
 **
 **      An anchor represents a region of a hypertext node which is linked to
 **      another anchor in the same or a different node.
 */
#define ANCHOR_CURRENT_VERSION 0
#import &lt;ctype.h&gt;
#import &lt;objc/Object.h&gt;
#import &lt;objc/typedstream.h&gt;
#import &lt;appkit/appkit.h&gt;
#import "Anchor.h"
#import "HTUtils.h"
#import "HTParse.h"
#import "HyperText.h"
#import "HyperManager.h"
@implementation Anchor:Object
static HyperManager *manager;
static List * orphans;           // Grand list of all anchors with no parents
List * HTHistory;                // List of visited anchors
+ initialize
{
```

（圖片來源：提姆・伯納斯―李）

名稱：全球資訊網原始程式碼（Source Code for the WWW）

鑄造方：提姆・伯納斯―李

鑄造數量：1

鑄造時間：2021 年 6 月 15 日

拍賣機構：佳士得

拍賣日期：2021 年 6 月 30 日

拍賣價格：5,434,500 美元

NFT 內容：包含原始程式碼的帶有日期和時間戳記的原始檔案；編寫代碼的動畫，持續 30 分 25 秒；完整代碼的可縮放向量圖形（SVG），由提姆・伯納斯―李在原始檔中創建，右下角有他的物理簽名；提姆・伯納斯―李於 2021 年 6 月寫的一封信，反映了全球資訊網代碼創建過程。

（圖片來源：宋婷）

NFT 名稱：《2021 年牡丹亭 Rêve 之標目蝶戀花──信息科技穿透了「我」》

作品型態：動畫

鑄造方：宋婷

鑄造數量：1

拍賣機構：中國嘉德

拍賣時間：2021 年 5 月 20 日

拍賣價格：667,000 元

NFT 內容：該作品是藝術家宋婷以經典昆曲《牡丹亭》為母本改編的 AI-Human 協作沉浸式戲劇實驗中的道具。各個角色的「夢境」是《牡丹亭 rêve》實驗戲劇的主角，人類演員、演算法 NPC 和人類觀眾為戲劇的配角。藝術家與區塊鏈上人工智慧模型、區塊鏈下人工智慧模型協作生成了畫面中的色彩平面，亦將《牡丹亭》開篇《蝶戀花》唱詞和 2021 年當代人對「古典之愛」的解讀以加密數據片段儲存進畫面。

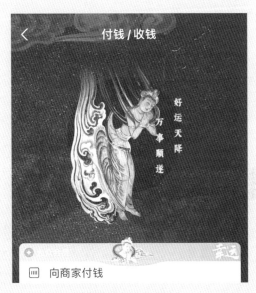

（圖片來源：螞蟻鏈）

作品型態：支付寶付款碼皮膚（敦煌飛天）
鑄造方：支付寶
發售平台：螞蟻鏈粉絲粒（支付寶小程式）
發售日期：2021 年 6 月 21 日
發售價格：10 積分＋ 9.9 元
發售數量：16,000 件
NFT 內容：購買後，敦煌飛天的皮膚會顯示在支付寶付款碼上。

附錄二　從遊戲看元宇宙

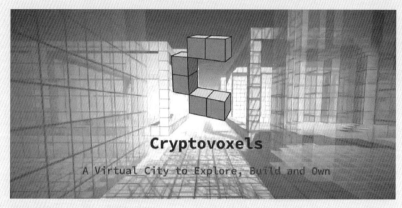

（圖片來源：Nolan Consulting Limited）

遊戲名：《加密立體像素》（Cryptovoxels）
開發廠商：Nolan Consulting Limited
上市時間：2018 年 4 月
運行平台：PC、VR

元宇宙視角看遊戲：《加密立體像素》是建立在以太坊區塊鏈上的虛擬世界。玩
家可以獲得遊戲中的數位土地，並建設屬於自己的建築。遊戲畫面是簡單的像素
風格，該遊戲可以非常流暢地在各種設備上運行。該項目受到了很多加密藝術家
的青睞，他們在其中建立了多個畫廊，藏家可以直接購買畫廊中展示的 NFT 數位
藝術品。

（圖片來源：任天堂）

遊戲名：《薩爾達傳說 曠野之息》
開發廠商：任天堂
遊戲類型：ARPG
上市時間：2017 年 3 月 3 日
運行平台：Switch、Wii U
遊戲背景：玩家扮演被驅魔之劍選中的騎士林克，被內心的聲音指引，在海拉爾
　　　　　王國展開冒險。玩家在冒險當中重拾記憶，並完成自己一百年前的使
　　　　　命，擊敗惡魔加農，拯救美麗的公主。

元宇宙視角看遊戲：作為一款自由度極高的生存、冒險、策略類遊戲，該遊戲擁
有巨大的世界地圖，玩家可以在這片神祕的土地上自由探索，盡情馳騁。該遊戲
也擁有極為自由的戰鬥系統，玩家可以使用豐富的武器、防具和道具。每位玩家
都可以擁有自己的戰鬥策略、裝備組合甚至在海拉爾大地上的生活方式。該遊戲
被很多人認為提供了一種接近於元宇宙數位世界的體驗。

（圖片來源：小島製作）

遊戲名：《死亡擱淺》（Death Stranding）

開發廠商：小島製作

製作人：小島秀夫

遊戲類型：TPS

上市時間：2019 年 11 月 8 日

運行平台：PS4、PC

遊戲背景：未來世界，人類透過科學研究發現了平行世界的存在，平行世界怪物
　　　　　的入侵導致了社會的崩壞。遊戲中的玩家將扮演主角山姆，穿越末世
　　　　　的美國，團結並拯救人類。

元宇宙視角看遊戲：在遊戲當中，玩家一個很關鍵的任務是往返於各個城市聯邦
之間運送物資。最初的送貨之旅是極其艱難的，玩家要跋山涉水，還要躲避傀儡、
劫匪的攻擊。當劇情進入一定程度時，全球玩家可以共同攜手修建穿梭於城市聯
邦之間的高速公路。每位玩家都在自己的遊戲當中蒐集素材，修建某條公路的某
一小段。在全世界玩家的共同努力下，一張連接各處城邦的高速公路網路已經被
建設完成，玩家可以開著貨車在公路上盡情馳騁。這種在數位世界中的全球協作
模式，在元宇宙時代可能會非常普遍。

（圖片來源：暴雪娛樂）

遊戲名：《魔獸世界》（World of Warcraft）
開發廠商：暴雪娛樂（Blizzard Entertainment）
遊戲類型：MMORPG
上市時間：2004 年 11 月 23 日
運行平台：PC
遊戲背景：艾澤拉斯大陸上生活著許多不同的種族，由於信仰、理念不同，這些
　　　　　種族集結成兩股巨大的勢力：部落與聯盟。部落與聯盟有時紛爭不斷，
　　　　　有時也會聯合起來抵抗外敵。不久前，部落與聯盟聯手擊敗了妄圖第
　　　　　二次侵略艾澤拉斯的燃燒軍團。可就在此時，暗影國度的威脅已然來
　　　　　襲。

元宇宙視角看遊戲：在這款遊戲中，玩家擁有超自由的遊玩體驗，更有趣的是由
玩家自主發明的遊戲裝備分配制度，即 DKP 制度。根據對公會的貢獻，每位玩
家都會擁有自己的 DKP 積分，這些積分用於競拍打 Boss 後掉落的裝備。如今，
DKP 制度已經成為魔獸世界公會管理的主流模式。未來，這種按照數位貢獻進行
公平分配的模式也將成為主流。

遊戲名：《當個創世神》（Minecraft）
開發廠商：Mojang Studios
遊戲類型：沙盒遊戲
上市時間：2009 年 5 月 17 日
運行平台：PC、Android、iOS、Xbox、PS、Switch、WiiU、VR

元宇宙視角看遊戲：該遊戲為玩家提供了一片自由馳騁的天地。由於沒有固定劇
情的限制，也沒有角色的限制，玩家可以在這個自由度極大的像素世界當中生活、
冒險、遊玩，甚至可以開天闢地創造屬於自己的世界。在元宇宙中，各種物理約
束將大大減弱，每個人都有機會充分發揮自己的創意，建構一片自己的天地。

遊戲名：《模擬市民 4》（The Sims 4）
開發廠商：Maxis Software
遊戲類型：模擬經營
上市時間：2014 年 9 月 2 日
運行平台：PC、PS4、XboxOne

元宇宙視角看遊戲：玩家可以在該遊戲中體驗與現實截然不同的人生。例如，一
個人可能在現實當中無法戰勝自己的內向，但在遊戲當中可以變得更加大膽且張
揚，可以體驗不一樣的人生，過上更精彩的生活。這可能也是很多人對元宇宙的
最終期待。

附錄三　從影視看元宇宙

（圖片來源：華納兄弟）

電影名：《一級玩家》
導演：史蒂芬·史匹柏
主演：泰·謝里丹 飾演 韋德·瓦茲／帕西法爾
　　　奧利薇亞·庫克 飾演 莎曼珊·庫克／雅蒂米思
　　　班·曼德森 飾演 諾蘭·索倫托
上映日期：2018 年 3 月 30 日

內容簡介：故事時間設定為 2045 年，虛擬實境技術高度發達。科技天才詹姆士·哈勒代用虛擬實境技術一手建造了名為「綠洲」的超級遊戲世界，並獲得了空前的成功。臨終前，他宣布自己在遊戲中埋藏了一個彩蛋，所有「綠洲」的玩家都可以參與爭奪彩蛋，而找到這枚彩蛋的人將成為綠洲的主人。主角因此展開了一場穿越虛擬世界與現實世界的奇幻冒險。

元宇宙視角觀影：《一級玩家》帶領觀眾共同思考在科技極度發達的未來，數位世界與物理世界的關係應該是怎樣的。在電影最後，主角並沒有徹底關閉「綠洲」，而是選擇每週關閉兩天，讓玩家多感受現實生活，不要讓真實人生出現遺憾。或許，導演希望觀眾能意識到，數位世界與物理世界兩者有機結合、虛實相生，才是未來世界最好的選擇。很多看過本片的觀眾認為，「綠洲」所描繪的世界，幾乎就是他們想像中的元宇宙世界。

（圖片來源：A-1 Pictures）

動漫名：《刀劍神域》（Sword Art Online）
導演：伊藤智彥
主演：桐人／桐谷和人（松岡禎丞配音）
　　　亞絲娜／結城明日奈（戶松遙配音）
上映日期：2012 年 7 月 7 日

內容簡介：2022 年，全球一流的製造廠商 ARGUS 開發出一款連接虛擬世界的機
器，名為 NERvGear，該機器能夠讓人們進入完全虛擬的世界「艾恩葛朗特」。
主角成為該設備的第一批內測玩家，但就在遊戲開測後不久，所有玩家都無法退
出遊戲，玩家在遊戲中死亡也將意味著在現實中死亡，只有打倒 Boss 才能逃離
這個世界。

元宇宙視角觀影：《刀劍神域》用了很多情節來描繪人們在數位世界中生活的場
景，例如如何與 NPC 有效互動，如何獲取資源，以及如何與其他玩家協作。除
此之外，《刀劍神域》也探討了人與人之間的社交關係，以及人們該如何在數位
世界與物理世界之間切換。我們能夠在數位世界認識更多有趣的人，發現更多有
趣的事，但挑戰也隨之而來。這些數位世界中的友情甚至愛情，該如何進入現實
世界呢？我們該如何在虛擬與現實之間切換身分呢？這些問題在元宇宙時代都會
變得非常重要。

（圖片來源：Zeppotron 和 House of Tomorrow）

電視劇名：《黑鏡》（Black Mirror）
製片人：查理·布魯克
發行方：網飛、英國第四台
上映日期：2011 年 12 月 4 日（第一季）

內容簡介：《黑鏡》是多個建構於現代科技或未來科技背景下的獨立故事，表達了科技對人性的利用、重構與破壞。

元宇宙視角觀影：黑鏡到底指的是什麼？什麼鏡子是黑色的？相信你已經想到了，黑鏡指的就是電子產品的螢幕。《黑鏡》對未來科技進行了深刻反思，從社交、戀愛、生活到政治、戰爭、人性，一切都將因科技而改變，可誰又能保證科技帶來的一定會是好的變化呢？在元宇宙時代，我們要如何正確對待數位世界與物理世界的融合，而不是迷失在數位世界當中，是值得我們每個人深入思考的問題。

（圖片來源：二十一世紀福斯）

電影名：《脫稿玩家》
導演：薛恩・李維
主演：萊恩・雷諾斯 飾演 蓋
　　　茱蒂・康默 飾演 米莉／火爆辣妹
上映日期：2021 年 8 月 13 日

內容簡介：故事發生在不遠的未來，銀行職員蓋突然發現自己原來是一個冒險電子遊戲的 NPC，這顛覆了他的認知，但他不想平庸，不想僅僅做一個任人擺布的 NPC。蓋決定奮起反抗，實現自己的價值，他竟然在遊戲裡做起了伸張正義的好人。蓋的反常舉動導致開發商下令要關閉遊戲。在一名來自現實世界女玩家的幫助下，蓋展開了絕地反擊，他們之間甚至產生了愛情的火花。

元宇宙視角觀影：基於人工智慧的數位人是未來元宇宙數位世界的重要組成部分，他們也有自己的身分、形象、經歷、情感甚至思想。我們該如何與數位人共同建設元宇宙呢？《脫稿玩家》帶給我們很多不一樣的啟示。

（圖片來源：華納兄弟）

電影名：《駭客任務》（The Matrix）

導演：華卓斯基姐妹

主演：基努‧李維 飾演 湯瑪斯‧安德森／尼歐

　　　凱莉－安‧摩絲 飾演 崔妮蒂

上映日期：1999 年 4 月 30 日（第一部）

內容簡介：在未來世界，機器人與人類爆發戰爭並獲得勝利。為了能夠繼續獲得電能，機器人將人類囚禁起來，把人類的身體變成了能夠產生生物電的電池，同時把人類的思維禁錮在一個名為「母體」的虛擬世界當中。第一批覺醒者決定放棄虛擬世界中安逸的生活，回到充滿絕望的現實世界，與機器人抗爭到底。

元宇宙視角觀影：隨著《駭客任務：復活》公開上映，關於虛擬與現實的選擇與思考再次成為熱門話題。其實，「母體」虛擬世界並非元宇宙，只是機器囚禁人類的牢籠。真正的元宇宙會幫助我們擁有更好的生活，讓很多人有機會實現自我價值。在真正的元宇宙當中，我們可以兼顧數位生活與社會生活，體驗更加豐富多彩的人生。

高寶書版集團
gobooks.com.tw

RI 356
元宇宙大未來：
數位經濟學家帶你看懂 6 大趨勢，布局關鍵黃金 10 年

作　　者　于佳寧
責任編輯　林子鈺
封面設計　Ｚ設計
內文編排　賴姵均
企　　劃　何嘉雯

發 行 人　朱凱蕾
出　　版　英屬維京群島商高寶國際有限公司台灣分公司
　　　　　Global Group Holdings, Ltd.
地　　址　台北市內湖區洲子街 88 號 3 樓
網　　址　gobooks.com.tw
電　　話　（02）27992788
電　　郵　readers@gobooks.com.tw（讀者服務部）
傳　　真　出版部（02）27990909　行銷部（02）27993088
郵政劃撥　19394552
戶　　名　英屬維京群島商高寶國際有限公司台灣分公司
發　　行　英屬維京群島商高寶國際有限公司台灣分公司
初版日期　2022 年 3 月

國家圖書館出版品預行編目（CIP）資料

元宇宙大未來：數位經濟學家帶你看懂 6 大趨勢，布局關
鍵黃金 10 年 / 于佳寧著 . -- 初版 . -- 臺北市：英屬維京群
島商高寶國際有限公司臺灣分公司, 2022.03
　　面；　　公分 .--（致富館；RI 356）

ISBN 978-986-506-355-9（平裝）

1. 虛擬實境　2. 電子商務

312.8　　　　　　　　　　　　　1100212535